零基础学 Scratch 编程

邬晓钧 著

清华大学出版社
北 京

内 容 简 介

本书是中小学生学习程序设计的零基础入门教材，内容分为基础技能、思维训练、应用实践三个部分，引导小读者按章节内容提示进行自学和实践，完成大量新颖、有趣的编程作品。在学习过程中，小读者可逐步熟悉和掌握 Scratch 语言程序设计，感受和领悟计算机程序设计的思想方法和技能技巧，培养和锻炼自学能力、计算思维、创新创意和编程实践能力，为将来进一步学习计算机专业知识与技术打下扎实的基础。

图书在版编目（CIP）数据

零基础学 Scratch 编程/邬晓钧著.—北京：清华大学出版社，2021.1
ISBN 978-7-302-56326-6

Ⅰ.①零…　Ⅱ.①邬…　Ⅲ.①程序设计—少儿读物　Ⅳ.①TP311.1-49

中国版本图书馆 CIP 数据核字(2020)第 156385 号

责任编辑：龙启铭　薛　阳
封面设计：何凤霞
责任校对：胡伟民
责任印制：宋　林

出版发行：清华大学出版社
　　网　　址：http://www.tup.com.cn，http://www.wqbook.com
　　地　　址：北京清华大学学研大厦 A 座　　**邮　　编**：100084
　　社 总 机：010-62770175　　**邮　　购**：010-83470235
　　投稿与读者服务：010-62776969，c-service@tup.tsinghua.edu.cn
　　质量反馈：010-62772015，zhiliang@tup.tsinghua.edu.cn
　　课件下载：http://www.tup.com.cn，010-83470236
印 装 者：三河市龙大印装有限公司
经　　销：全国新华书店
开　　本：185mm×230mm　　**印　　张**：15.75　　**字　　数**：345 千字
版　　次：2021 年 1 月第 1 版　　**印　　次**：2021 年 1 月第1 次印刷
定　　价：59.00 元

产品编号：088762-01

前　言

某天，上小学二年级的儿子突然对我说："爸爸，我想学编程。"

其实更早时候我就在网上看到过有关儿童学习编程的一篇文章，其中提到了几个软件，都是充满游戏风格，着重设计与规划，以完成特定任务为目的的模式。这些软件并没有涉及指令或语句的概念，所传授和培养的是一种更广义的"编程"（也许翻译为"规划"或"设计"更合适）思维和能力。文章指出几岁孩子就可以通过这些软件学习编程。

儿子还在上幼儿园时就在手机上玩过 LightBot 游戏。当时给他玩的是初级版本，但已经有循环、函数调用等功能，比起网上那篇文章所介绍的软件，更像计算机编程。LightBot 游戏中的小机器人能够按照玩家编写的指令序列执行动作，对玩家的编程成果给予直接且明确的反馈，因此即使我没有给儿子讲过任何编程概念，他也完全能够在游戏软件中学习、理解和掌握那些编程元素，通过不断尝试来修正自己的程序，完成游戏中的所有关卡任务。可见，一个吸引人的有趣平台加上直观的反馈，完全能够让孩子在玩中学习编程，而且是学习相对抽象的计算机指令的编程。

我在清华大学计算机系取得本科、硕士和博士学位，在计算机系教程序设计课程，而且负责程序设计竞赛，自然早想过什么时候让孩子学编程、学什么程序设计语言、怎么学这类问题。虽然还没有明确的答案和计划，但可以肯定的是——小学阶段就可以学编程，因为很多编程的概念并不高深。更小年龄的孩子虽然也可以学一些编程，但受认知能力所限，学不了太多，不得不浅尝辄止。而对于小学生，特别是小学中高年级学生来说，完全能够在相当长的一段时间内有计划地学习一定量的内容，而且所学内容足以用来进行丰富的创作或解决一些实际问题。同时，正因为学习者是小学生，往往教与学双方都更关注基础和必要的编程元素，不易受细枝末节的干扰而偏离"大道"。

我相信和追求"快乐学习"，希望学习路径方向正确，不走弯路。我认为 C/C++ 语言、Java 语言用作学习编程的入门语言并不理想，因为初学者难以用所学的内容编写出有趣的程序，即使最简单的"Hello world!"程序也会留给初学者一大堆问题，而且这些问题的答案不是初学者适合去了解的。如果未来想在程序设计方面往更专业一些的方向发展，我认为不宜在学习 C/C++ 语言、Java 语言之前就接触 Python 语言。我曾考虑过让儿子学习 Logo 语言，我初中时就学过它，有一定了解，但 Logo 语言除了画简单图形外好像也没有其他直观有趣的功能。

"你想学编程，很好呀！但是你具体想学些什么呢？"我问儿子。

"我想学 Scratch。"儿子毫不犹豫地回答。

我听说过 Scratch，但没有专门了解过。儿子想学 Scratch，是因为学校高年级学生在风采展示的活动中展示了一些用 Scratch 编写的程序，引起了他的兴趣。我告诉儿子："没问题。爸爸可以帮你了解一下，看看怎么来学。"

我从 MIT 的 Scratch 网站上下载了 Scratch 2 离线编辑器，从软件自带的教程开始了解。教程由若干很小的编程任务组成，各个任务大体上按照从最简单到略复杂的顺序排列。我一步一步照着做，完成前几个小任务就已经熟悉了 Scratch 的常用积木语句。我认为这些小的编程任务非常适合用来进行 Scratch 入门教学，对儿子来说，只需要帮他克服语言上的障碍——将英文翻译成中文。很自然地，我将教程内容展开并翻译做成 PowerPoint 幻灯片，同时把自己实践时所想的一些问题，也总结并在幻灯片中提出来，鼓励儿子通过动手尝试来找到答案。一些我认为基础和重要的程序设计概念和思想，在编程任务涉及时，及时在幻灯片中提出来。

我将笔记本电脑与家里的电视机连接，教儿子用双屏模式来学习，一个屏幕播放 PPT 幻灯片，另一个屏幕进行 Scratch 编程操作。PPT 幻灯片的动画控制与页面切换，既避免了书本内容的一览无余，又能形成一种有控制的交流，还能让孩子自己来主导学习的进度。儿子对 Scratch 的学习就这样开始了，基本上是一种自学的模式，当他实践遇到困难时才找我帮忙解决。

儿子学 Scratch 学得很快乐。教学实验室的同事知道后，向我要了幻灯片给自己儿子学。他儿子也学得很快乐，而且会主动与老爸讨论"什么是变量"之类的问题。同事建议：

可以开个班，让系里老师们的孩子一起来学 Scratch。

清华大学计算机系教职工孩子们的第一期编程学习班就这样开始了，每周五晚上一次课，持续大半个秋季学期。在学习内容上，除了更新最初的 PPT 幻灯片以外，我认真地规划了各次课的内容，一是考虑新知识循序渐进地分布在各次课程中，二是考虑后面的课程内容能够起到复习巩固前面课程内容的作用。课程内容前期主要来自于 Scratch 教程，后期来自于自己的设计安排。教学方式同样采取双屏自学模式，孩子们利用机房的计算机播放PPT幻灯片，同时在自带的笔记本电脑上进行Scratch编程操作。这个编程学习班的助教队伍超级豪华，因为孩子们的家长，即清华大学计算机系的老师们，可以陪着孩子一起参加这个编程学习班辅导自己孩子，因此这个编程学习班也是一个亲子活动班。系里老师们都没有用过Scratch，对这种编程语言也很感兴趣，有时两位大牌教授会丢下孩子，相互讨论眼前的Scratch编程任务。这并不奇怪，我在学习了解Scratch的过程中，同样很快就喜欢上了它。每次课程中，我会在机房走动，了解各个孩子的自学进展，解答他们的问题，帮他们排除一些困难，不过更多时候是引导他们自己来排查问题解决困难。一些共性的问题，我会总结并在下一次课程时讲解。这样的编程学习班得到了孩子和家长们广泛的好评，有两次我出差无法上课，还有家长主动代课，并且提前与我讨论并准备PPT幻灯片。同样的课程内容，后来又开了一期编程学习班，为了达到更好的教学效果，还专门为每次课程设计了课后练习。本书的第一部分就来自于这一期编程学习班的内容。

在第一期编程学习班孩子与家长们的要求下，我开设了后续的Scratch编程学习班。在这后续的“提高组”(第一期相应称为“入门组”)编程学习班上，我主要让孩子们体验编程与数学的关系，了解计算机解决问题的方式方法，普及一些基础而重要的程序设计算法思想，为进一步深入学习程序设计甚至是信息学竞赛打基础。提高组编程学习班仍然采用PPT幻灯片自学的方式，教学内容形成了本书的第二部分。

在组织孩子们学习Scratch编程的过程中，我看到了孩子们的学习能力和创新能力，多次从心底为他们的优异表现喝彩。这两种能力也是我采用这种教学模式所希望激发和培养的能力，相信对孩子们的一生都有裨益。

言归正传，该系统地介绍一下本书的内容了。

本书共20章，分为三个部分。第1章～第10章为第一部分“基础技能”，主要介绍Scratch中角色、造型等基础概念，由浅入深地引入各类积木语句的实践应用；第11章～第16章为第二部分“思维训练”，从绘制图形入手，强化数学思维，介绍递归、递推、枚举、筛法、二分法等算法思想；第17章～第20章为第三部分“应用实践”，是Scratch编程实践的综合与提高。

本书的前两个部分分别来源于前文提到的“入门组”和“提高组”编程学习班的课程内容，没有任何编程经验的孩子也能够轻松地从第1章开始学习。在写作本书过程中，官网的Scratch 2离线编辑器改版升级为Scratch 3桌面编辑器，在界面上有较大改动，在功能上也有变化，经过考虑将章节内容都更新为与新版编辑器一致。第三部分的内容来源于孩子们学习 Scratch 过程中实际编写的游戏项目，以及我本人特别想用 Scratch 实现的功能（我实在太喜欢 Scratch 这一编程语言了）。与 PPT 幻灯片相比，书本缺少了逐步呈现的控制，但可以用更详细的文字进行解释说明，算是各有优劣。此外，在写作过程中，产生了一些新的想法和更深入的思考，也融入到本书的内容中。

如何学习本书呢？

不建议小学低年级甚至更小的孩子学习本书。虽然他们也能够完成前几章的学习，但后续的章节对他们来说挑战太大，而学得太少的话，意味着掌握的工具少，实践与创新的空间小，得到的锻炼与相应收获少，乐趣也少。另外，因学习内容太难导致半途而废并不是好的体验，没必要给孩子留下编程很难学的印象。

建议孩子自学。家长可以给一些基础的帮助，例如，安装 Scratch 桌面编辑器，教孩子基本的计算机操作，例如登入系统、运行程序、输入汉字等，但学习 Scratch 编程还是让孩子按自己的节奏来。自学能力是个人不断成长的必备能力，培养锻炼孩子的自学能力，是本书的重要目的之一。

学习编程的方法与学习语文、数学、英语都不一样。**编程是一种思维与实践紧密结合的创造性活动**。书上的内容都理解了，并不意味着就会编程。我敬爱的导师吴文虎教授给学生们上课时，就多次强调："编程不是学会的，是练会的。"本书建议的自学方法是：**逐段地阅读理解→实践探索→思考总结→实践应用**。

阅读本书时，身边应该有一台已经打开的计算机。书中讲到了什么操作，读者就应该同步地在计算机上进行相应的操作；书中提出一个问题，读者就应该暂停住，先思考自己的想法和答案，再往下阅读；书中提出要自己尝试，读者就应该自觉地想办法去探索和尝试；书中有时只提出问题，并不给出答案，但读者真正实践了就会得到正确的答案。我希望给予孩子探索与收获的学习乐趣。

本书并没有采用讲解展示语句功能的方式介绍 Scratch 语言，而是从要完成的任务、要实现的功能或效果出发，即从需求出发引入可用的语句，把语句、编程语言视为解决问题的工具。与编程语言相比，分析问题→设计方案→规划程序→具体实现→修正调优这种以程序设计为手段解决问题改变世界的方法，才是更重要的。这种方法，以及在方法运用的过程中涉及的思想和技术，与具体编程语言无关，才是学习编程所真正要学的东西。我相信，这样的编程学习才能够更好地培养孩子解决问题的能力，才能更好地支持孩子将心中的创意展示出来，将创新的想法具象化，敢想敢干，能想能干。

本书刚开始的几章内容简单，学起来较快，后续章节会不断用到前面已学的内容，越来越复杂，对思维能力和动手能力的要求也越来越高，学习进度自然会慢下来。而且，随着综合的编程能力提升，孩子会想要实现自己设计的动画和游戏，这是应该鼓励的事情。家长最好能够给孩子一些命题编程任务，即给出一个主题，让孩子想办法编程来表现，例如，让孩子实现一个堆雪人的场景或游戏。这些书本外的编程活动，是孩子学习编程最好的练习，比每章后面的练习题好百倍。能够多做这些自由的编程练习的话，完全不必着急学后续章节。毕竟学完一本书并不是真正的目的，打下坚实基础，熟能生巧，让孩子将来学得更好才是目的。另外，本书第二部分、第三部分靠后的章节难度很大，对初中生来说也是不小的挑战，因此建议孩子按自己舒适的进度去学习，花两年、三年甚至更长时间也可以。

编程学习遇到的最大困难可能就是查错调试了。初学者可能犯任何错误，而且自己完全找不出问题来。虽然编程调试有利于培养孩子的耐心和细致，但最好能够有懂程序设计的人提供“保底”的帮助，避免孩子长时间无法解决问题，学习热情受到打击。如果有同样在学 Scratch 的小伙伴一起讨论查错，也是非常好的。本书附录 D 专门介绍了一些调试的方法和技巧，但对初学者的帮助有限。有条件的家长，可以考虑和孩子一起来学 Scratch，这样与孩子有共同的语言，一起学习、一起讨论、一起成长，也是珍贵和难得的体验。

饮水思源，感谢促使本书成文的所有人！

首先感谢以吴文虎教授为首的师尊前辈，本书一脉相承了他们关于程序设计教学的理念。感谢教学实验室和系里的同事们对编程学习班的支持，感谢孩子们、家长们对编程学习班的学习方式和学习内容的肯定。感谢系里的喻文健老师，本书中基础弹球游戏的若干项扩展来自他的创意。特别感谢金山西山居的唐一鸣先生，本书第 20 章来源于特邀他给提高组编程学习班带来的一次课程。当然，也要感谢儿子促成我进入了 Scratch 的奇妙世界。

孩子是我们未来的希望，愿本书的小读者们永保学习的愿望与乐趣！

邬晓钧

2020 年 5 月新冠肺炎疫情期间于清华园

目　　录

第1篇　基础技能

第2篇　思维训练

第 3 篇 应用实践

附　　录

第1篇　基础技能

第1章

准备工作

亲爱的小读者，我们一起来学习编程吧！

不过，在开始之前，我们要先做一些准备活动。我们要在头脑中做一些准备活动，了解一些关于编程的最基本的知识和概念，这样在后面正式的学习编程中，才容易沟通和理解，能够学得更轻松更有效。我们还要在计算机上做一些准备活动，毕竟编程可是一件很“专业”的事情，需要具备一定的工作条件。

1.1 程序与程序设计语言

编程，更正式的说法是“程序设计”，是为计算机设计和编写程序。笔记本电脑、平板电脑、手机是看起来比较明显的计算机，其实生活中许多电子设备中都有小型的计算机在工作，例如，上网用的无线路由器、看电视用的机顶盒、音乐和视频播放器、平衡车……这些计算机都依靠事先编写好的程序进行工作，程序就是计算机的工作说明，程序设计就是为计算机设计工作内容并把工作的步骤讲清楚。通过编写各种各样或简单或复杂的程序，我们就能指挥计算机帮我们做各种各样的事情。

程序由人来写，由计算机来执行，所以需要以某种人和计算机都能够懂的方式来沟通。程序设计语言就是人与计算机沟通的工具。就像人类有汉语、英语、日语、各地方的方言等许多语言一样，程序设计语言也有许多种。不同的程序设计语言适合做不同的事情，随着计算机技术的发展，有些程序设计语言不再使用，但又会出现新的程序设计语言。我们将要一起学习的程序设计语言称为 Scratch。

1.2 Scratch 语言

Scratch 是由美国著名大学麻省理工学院(MIT)设计开发的,是一种非常适合少年儿童学习和使用的程序设计语言。大部分程序设计语言在编程时需要用键盘一个字符又一个字符地输入计算机,组成一句又一句指挥计算机工作的话(称为"指令"或"语句")。而用 Scratch 语言编程则像是在搭积木,每一个语句都是一块特定的积木,把积木按我们的想法搭在一起就是编程。所以,Scratch 语言是一种"积木式"程序设计语言。

Scratch 直接支持对声音和图像进行操作,很方便用来制作动画和游戏。作为一种程序设计语言,指挥计算机进行数学计算当然也不在话下。实际上,动画和游戏中包含大量计算和控制工作。

1.3 安装编程环境

可以直接在网上用 Scratch 来编程,但可能会因为网速的原因,操作起来比较慢,管理许多 Scratch 程序也不够方便。我们建议在自己的计算机上安装离线的编程环境。以下的部分,可能需要爸爸妈妈的帮助。

打开浏览器,在地址栏中输入"https://scratch.mit.edu/download",进入 Scratch 桌面编辑器的下载页面,如图 1.1 所示。

1.3.1 安装桌面编辑器

不同的操作系统需要安装不同版本的软件,如图 1.1 所示,当前版本的 Scratch 桌面编辑器适用的操作系统是 Windows 10 以上,或者是 macOS 10.13 以上,还可以安装在 ChromeOS 和 Android 6.0 以上。如果计算机上的操作系统版本较低,需要先更新安装操作系统后,才能安装 Scratch 桌面编辑器。

下面以 Windows 操作系统为例,说明 Scratch 桌面编辑器的安装过程。首先确认 Choose your OS 后面的 Windows 按钮是高亮的(如果是灰色的,就用鼠标单击这个按钮)。

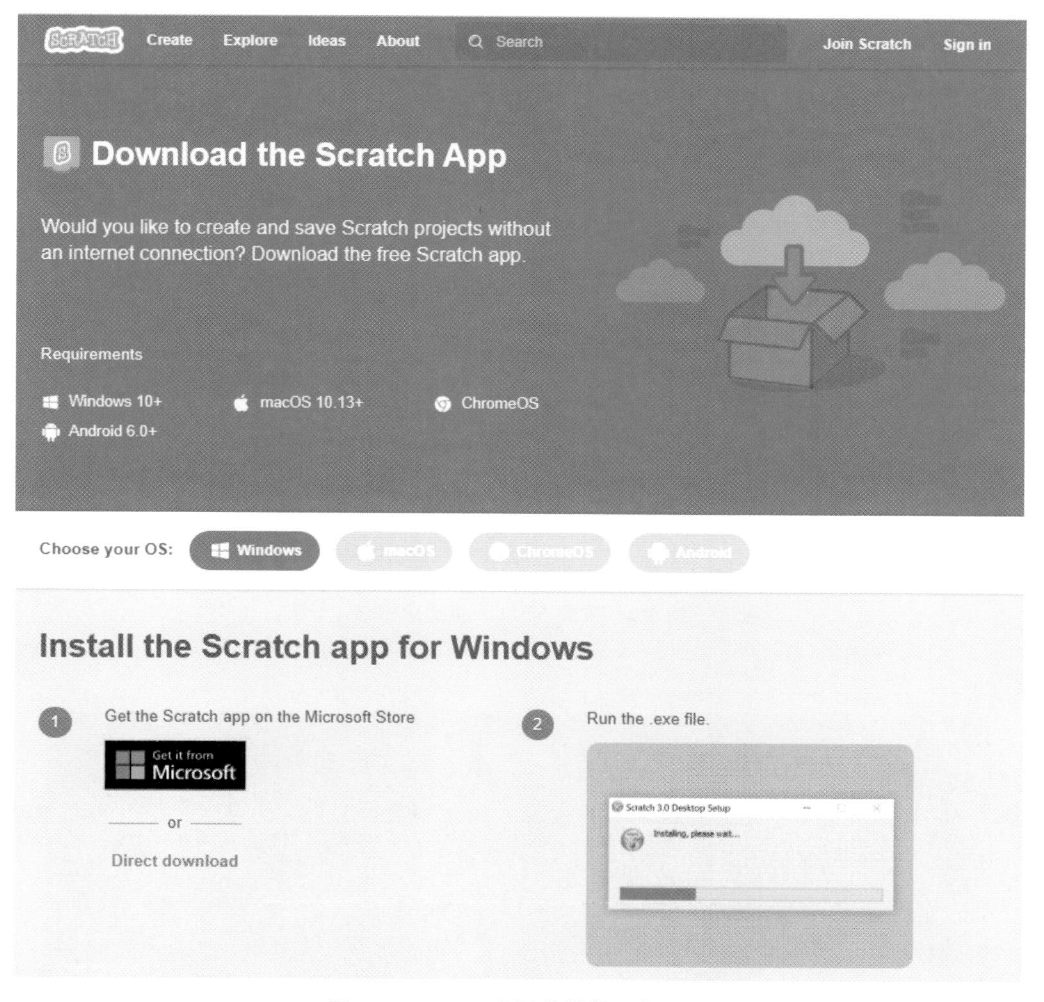

图 1.1　Scratch 桌面编辑器下载页面

然后单击左下方的 Direct download(有些浏览器会提示“运行”还是“保存”,建议选择“保存”),等待下载完成后直接打开下载的文件。稍等一下,屏幕上会出现一个如图 1.2 所示的窗口,窗口底部的绿色进度条会不断前进。

图 1.2 中的进度条走到最右边后就表示安装完成,接着会自动启动 Scratch 桌面编辑器。稍等一下,屏幕上会出现如图 1.3 所示的窗口,显示 Scratch 桌面编辑器已经启动,并且开始为运行做准备。

等编辑器完成准备工作,就会显示如图 1.4 所示的界面。

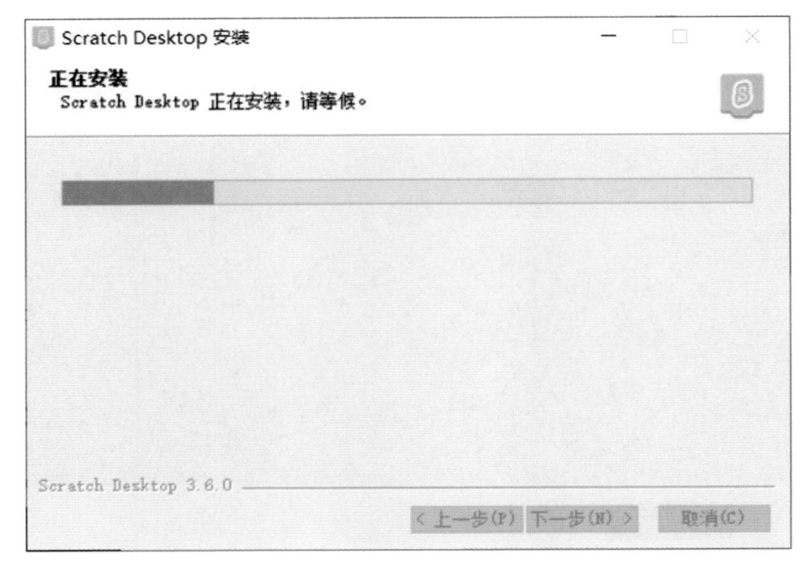

图 1.2　安装 Scratch 桌面编辑器

图 1.3　Scratch 桌面编辑器启动后为运行做准备

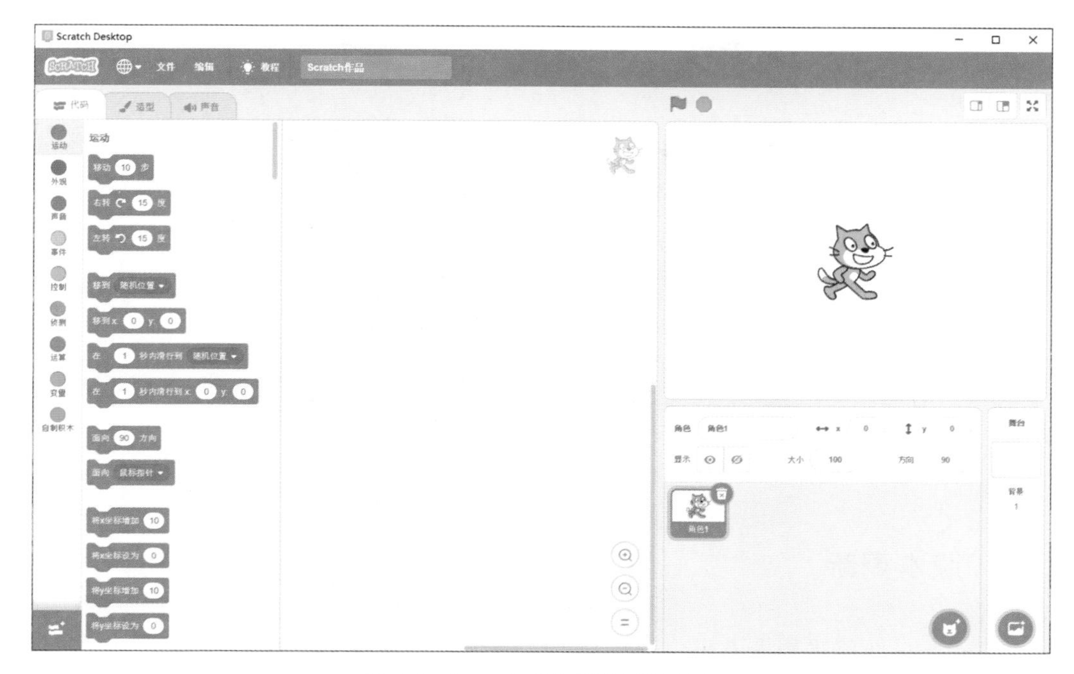

图 1.4　Scratch 桌面编辑器的界面

1.3.2　设置界面语言

Scratch 桌面编辑器默认采用操作系统的语言，也就是说，如果操作系统是中文版的，那么 Scratch 桌面编辑器安装完成后就显示中文界面。可以修改编辑器的配置，显示其他语言的界面。只要用鼠标单击左上方的地球图标，然后选择希望的语言就可以了。下次再启动 Scratch 桌面编辑器，界面语言不会变。

1.3.3　打开与关闭

按上述步骤安装完 Scratch 桌面编辑器后，会在计算机桌面上出现一个图标，以后只要双击它，就能够启动 Scratch 桌面编辑器。我们的 Scratch 编程就是在 Scratch 桌面编辑器中进行的。

如果要关闭已打开的 Scratch 桌面编辑器，可用鼠标单击界面最右上角的 × 按钮。

如果出现如图 1.5 所示的对话框，就是提醒你之前的编程工作可能还没有保存。如果确定要关闭 Scratch 桌面编辑器，单击 → Leave 即可。

图 1.5 退出前提示保存程序

1.3.4 版本更新

Scratch 桌面编辑器会有不定期的更新。当你阅读这本书下载安装 Scratch 桌面编辑器时，可能版本比写书时的版本新，在界面和操作上有微小的差异，不过一般不会影响你通过这本书来学习 Scratch 编程。

比这本书介绍的 Scratch 桌面编辑器更早一代的离线编辑器产品是 Scratch 2 离线编辑器，在界面和操作上与新的 Scratch 桌面编辑器有明显差别。不过，Scratch 桌面编辑器同样能够打开并运行原先使用 Scratch 2 离线编辑器编写的 Scratch 程序。

1.4 如何学习编程

学习编程与学习语文、数学有很大的不同。编程是一种创造性活动，把我们的想法变成计算机可以执行的程序，是一个思想转化与表达的过程。程序由计算机来执行，程序编得对不对、好不好，可以通过计算机执行的情况来判断。在刚开始学编程时，对于程序设计语言的语句不熟，有时不知道想实现的效果是否有特定的语句(或语句的组合)来表示，有时不知道特定语句(或语句组合)的具体效果。在 Scratch 桌面编辑器中，有许多不同颜色的积木语句，有许多功能操作，即使学完了这本书，也不见得会用到所有的语句或功能，有些语句虽然会用到，但不一定会知道语句效果的所有细节。这就需要我们去尝试，去积累。在 Scratch 桌面编辑器中，你怎样操作都不会损害计算机，所以尽可以大胆地去试。在以后的学习中还会看到，有时为了了解语句的效果，我们需要设计出小的程序，观察程序执行的效果来找到答案。

计算机总是根据程序的内容严格地执行，所以一般来说，如果计算机执行的情况与我们设想的不一样，那应该是程序编写得不对，而不是计算机错误地执行。这时需要仔细观察程序，结合程序运行的情况来综合判断。初学者不可避免地会碰到这样那样的程序问题，有时还很难找出问题所在，这是每一个编程者学习过程中的必经之路，是进步的机会和阶梯。如果自己实在找不到问题，那就请教周围有经验的人，或者找小伙伴一起分析讨论。

能够快速准确地将想法变成程序，能够快速定位并找出程序中的错误，这些都需要经验和技能的锻炼积累。因此，学习编程的最大诀窍是多实践，多思考，多总结。本书后续的章节内容会逐步由浅入深，许多新的语句和功能首次出现时，只需要按照书上的说明一步一步尝试去做，注意对比书中描述与你实际操作的细节是否一致，应该就能成功。在后面的章节中，如果用到前面已经学习的内容，大多会直接给出结果而不再给出详细步骤。如果你实在不记得如何实现，就要查找前面章节的内容复习。每一章结束后，都会留下编程任务作为练习。平时也建议你自己想出一些问题来进行编程练习，让爸爸妈妈给你来个命题编程也不错。总之，编程能力是练出来的！而且，能够用一种程序设计语言进行熟练编程，今后学习和使用别的程序设计语言也会觉得轻松，毕竟不同的程序设计语言在许多方面都有共通的理念。

1.5 本章小结

这是我们学习 Scratch 编程的第一章。通过本章简单了解了什么是程序、什么是编程、什么是程序设计语言。Scratch 是一种适合青少年学习和使用的积木式程序设计语言，擅长制作小型的动画和游戏。我们下载安装了 Scratch 桌面编辑器，做好了后续正式学习 Scratch 编程的准备。最后，我们还谈了谈如何学习编程。小朋友们想学好编程，一定要多实践啊！

第 2 章

简单舞步

亲爱的小朋友，打开你已经安装好的 Scratch 桌面编辑器，我们正式开始编程了。

2.1 初识 Scratch 桌面编辑器

2.1.1 界面布局

打开 Scratch 桌面编辑器后，界面如图 2.1 所示。图中标注了一些区域，也标注了编辑器界面顶端的菜单栏，还有一些细节部分，我们会在后面的学习过程中逐步介绍。

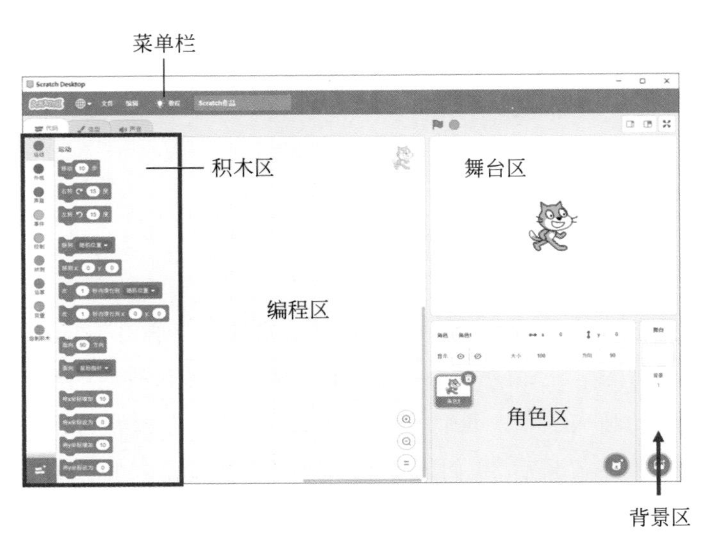

图 2.1 Scratch 桌面编辑器界面

2.1.2　积木语句与参数

单击一下积木区中的蓝色积木 移动 10 步，观察舞台区中小猫的变化，是不是往右移动了一下？多单击几次，小猫就会逐渐移到舞台区右边。

用鼠标选中舞台区中的小猫并按住鼠标左键，将其拖动到舞台区左边，再放开鼠标，小猫就被放置到左边了。然后小心地单击 移动 10 步 中数字 10 的位置，会看到 10 的背景从白色变成蓝色，这表示选中了数字 10。在键盘上依次按下数字键 1、0、0，使其变成 移动 100 步，然后再单击这块积木，看看小猫是不是往右移了一大步？这个可改变的数值称为积木语句的参数，改变参数不会改变积木语句的基本功能，但会改变语句的效果。

2.1.3　积木语句的拼接组合

我们已经在控制小猫移动了，但这还不算是编程，因为我们只是执行了一条积木语句，并没有写成程序。用鼠标按住 移动 100 步，拖动到编程区再松开，这时会在编程区留下这块积木。如果不断重复这一动作，可以在编程区留下许多块积木。而且，如果你松开鼠标时靠近编程区已有积木的上方或下方，你会发现已有积木上方或下方出现灰色印记，如果这时松手，新的积木就会排列到已有积木的上方或下方，拼成一个整体。你可以按住整体最顶端的那块积木，将它们整体移动到编程区的其他位置再松手。如果移动到积木区中松手，会发生什么情况？如果按住整体中其他的积木再移动，会发生什么情况？如果用鼠标右键单击积木，会出现菜单，请你尝试其中的“复制”和“删除”有什么作用。

在编程区中由积木拼成的一个整体称为一段“脚本”。孤零零的单个积木也算一段脚本。在编程区中，可以同时存在多段脚本。脚本是一种特殊的程序。

2.2　让小猫跳舞

2.2.1　顺序执行

请你把舞台区中的小猫移动到舞台中间的位置，然后把编程区内的所有脚本都删除掉。

单击积木区左下角的，在新窗口中单击第一个写有“音乐”字样的方块，会添加与音乐有关的积木并自动回到积木区。Scratch 桌面编辑器用不同颜色表示不同类别的积木，新添加的音乐类自动出现在原有各类别的下方。通过单击各个类别，可以选用相应类别的各种积木语句。

请在编程区内拼出如图 2.2 所示的脚本（提示：“移动……”积木在“运动”类别内，“击打……”积木在“音乐”类别内）。记得把计算机的声音打开，然后单击这个脚本的任意部位，是不是看到小猫移动，同时听到一声鼓声？

图 2.2　脚本 1

请在编程区内拼出如图 2.3 所示的脚本。其中，“移动-20 步”的效果是向左移动 20 步。单击这个脚本，效果如何？可以看出，积木语句是按从上到下的顺序依次执行的。

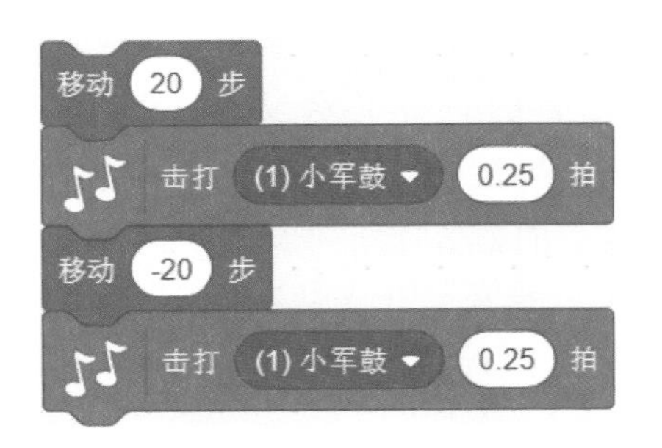

图 2.3　脚本 2

2.2.2　重复执行

请在编程区内拼出如图 2.4 所示的脚本（提示：“重复执行……”积木在“控制”类别内）。你发现了吗？当移动橙色的“重复执行……”积木靠近已有的脚本时，会自动出现灰色示意框，请确认灰色框包围了已有的全部脚本后再松手（如图 2.5 所示）。这时单击新的脚本，效果是怎样的？数一下小猫来回移动的次数，是不是 10 次？

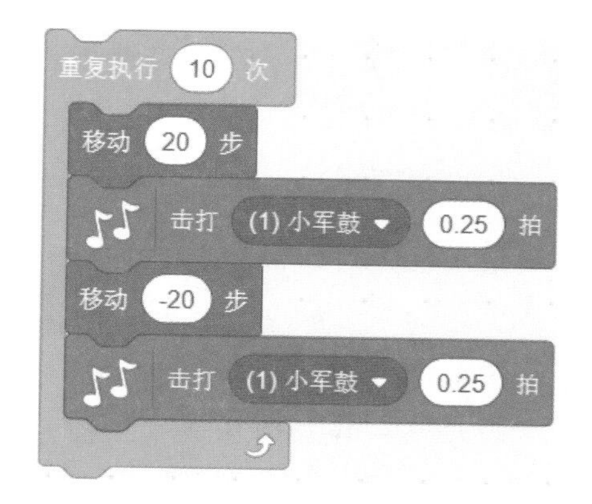

图 2.4　脚本 3

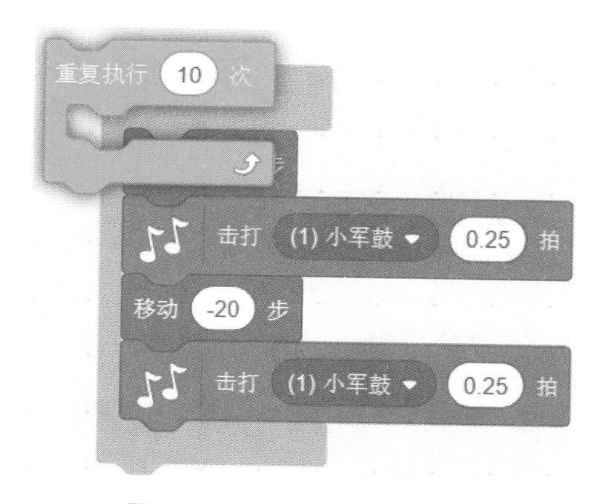

图 2.5　重复执行积木的位置

请在编程区内拼出如图 2.6 所示的脚本(提示:“说……”积木在“外观”类别内)。用鼠标单击参数“你好!”,把内容改为“跳舞吧!”,单击运行这段脚本看看效果。

2.2.3　事件响应

请在编程区内拼出如图 2.7 所示的脚本(提示:在“事件”类别内)。这时,我们只要单击舞台区左上方的绿色小旗,就能够运行脚本了。

让积木区显示“外观”类的积木,单击其中的,看看小猫有什么变化?试着多单击几次,观察小猫的变化。在编程区中添加如图 2.8 所示的脚本,现在只要按键盘

说 你好！ 2 秒
重复执行 10 次
移动 20 步
击打 (1) 小军鼓 0.25 拍
移动 -20 步
击打 (1) 小军鼓 0.25 拍

图 2.6 脚本 4

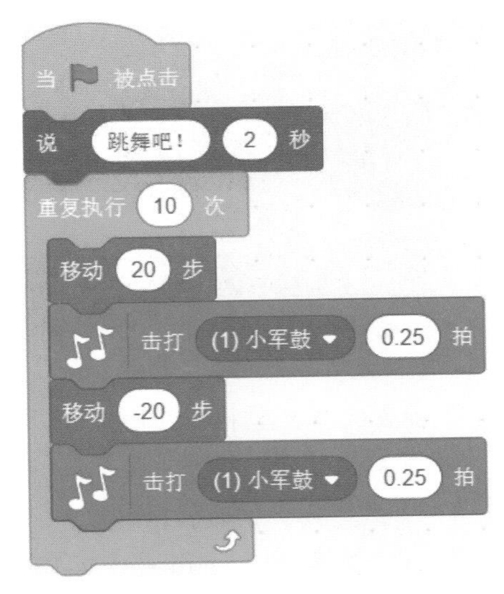

图 2.7 脚本 5

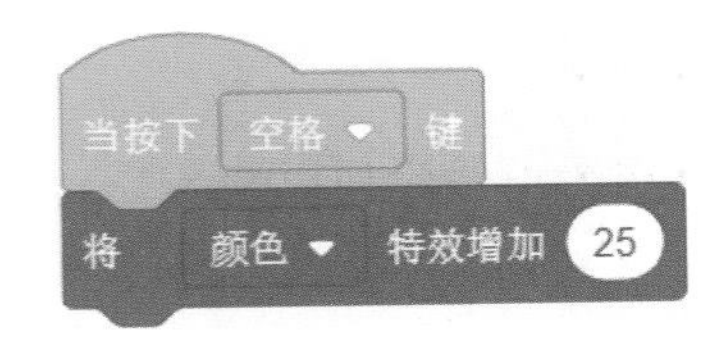

图 2.8 脚本 6

上的空格键，就能运行新的脚本了。按下键盘上的某个键、用鼠标单击，这些动作在编程中称为“事件”，计算机对特定的事件采取相应的动作，称为“事件响应”。事件响应让计算机对人的动作有及时的反馈，这是控制动画游戏的基础。

2.2.4 从背景库中选取背景

背景区中的方框（其实是一个图标）表示舞台，可以为舞台设置不同的背景。

把鼠标移到背景区下方的圆形按钮上，会弹出几个图标选项，同时左侧出现“选择一个背景”的提示。单击按钮，或者单击弹出的放大镜图标，出现选择背景的窗口。单击窗口上面一排按钮中的“音乐”，如图 2.9 所示。找到并单击 Spotlight 那张图，回到原来的界面，可以看到背景区的图标和舞台区背景都变成刚才选择的图了。请把小猫拖动摆放到舞台中央。

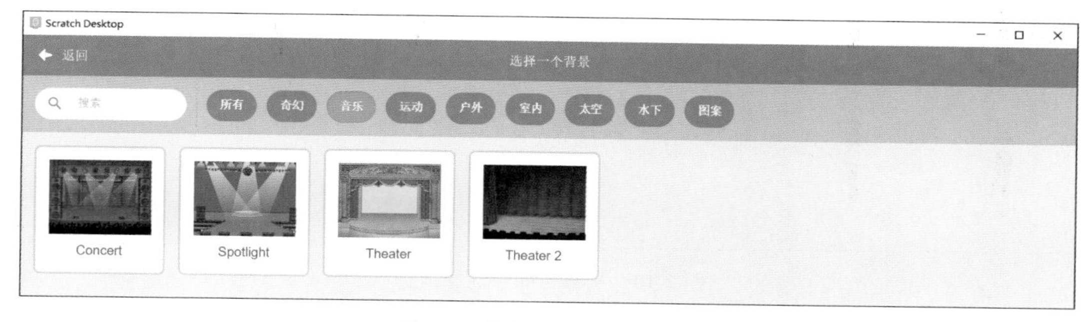

图 2.9　从背景库中选择背景

单击绿色小旗，看看你编程实现的小猫在舞台上跳舞的动作吧。每当你按下空格键，小猫都会改变颜色。

2.3 增加伴舞者

我们来为小猫增加两名伴舞的人。

2.3.1 从角色库中选取角色

把鼠标移到角色区右下角的圆形按钮上，会弹出几个图标选项，同时左侧出现“选择一个角色”的提示。单击按钮，或者单击弹出的放大镜图标，出现选择角色的窗口。单击窗口上面一排按钮中的“舞蹈”，如图 2.10 所示。找到并单击 Cassy Dance 那个人，回到原来的界面，可以看到 Cassy 出现在舞台区内，同时在角色区出现了 Cassy 的图标。可以用鼠标把她拖移到小猫的左侧。

图 2.10 从角色库中选择角色

在 Scratch 中，每一个可以编程控制的对象都称为“角色”。打开 Scratch 桌面编辑器时有的小猫就是默认的角色，我们刚才的动作新建了一个角色，而且这个新建角色是从编辑器自带的角色库中选取的。同时，我们看到编程区中原先为小猫编写的脚本都不见了，这是因为现在处于选中状态的是新建的角色 Cassy，这可以从角色区中 Cassy 图标变成蓝色且右上角有垃圾桶标志而知道。我们可以单击角色区中的不同图标来选中不同的角色，也可以用鼠标左键双击舞台区的角色来选中。只要重新选中小猫，就会看到角色区小猫图标变成蓝色，并且编程区中的脚本又出现了。

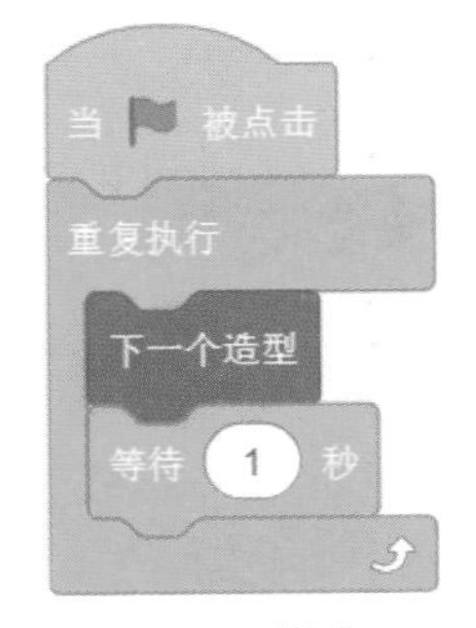

图 2.11 脚本 7

我们现在要为新的角色编程，所以要确保先选中新角色 Cassy，然后在编程区拼出如图 2.11 所示的脚本（提示：“下一个造型”积木在“外观”类别内）。其中，积木语句“等待 1 秒”可以让脚本中下一个积木语句在 1 秒后才执行，相当于使脚本的运行暂停了 1 秒。

2.3.2　同步不同角色

为了让小猫和 Cassy 同步，我们把原先控制小猫移动的脚本改成如图 2.12 所示（别忘了先要选中小猫角色）。注意，有两处改动，一是把说话的时间从 2 秒改成了 1 秒，二是把“重复执行 10 次”这块积木换成了“重复执行”。换积木稍微麻烦一些，可以先把“重复执行”这块积木从“控制”类别中拖到编程区某处，然后按住最上面那块“移动……”积木，把这几块积木整体拖到“重复执行”积木的内部拼接起来，再将“重复执行 10 次”积木拖回到积木区把它删除，最后将拼接好的“重复执行”脚本整体拖动拼接到“说……”积木下面。在 Cassy 脚本的“重复执行”积木前，再加一块“等待 1 秒”的积木。

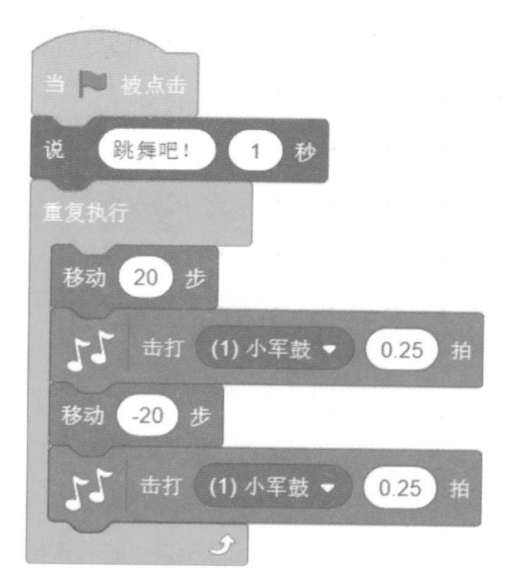

图 2.12　脚本 8

单击绿色小旗看现在的程序效果。由于使用了“重复执行”，小猫和 Cassy 会不停地运动，永不停歇。要让它们停下来，可以单击绿色小旗旁边的红灯，这会停止一切正在运行的脚本。

2.3.3　角色与造型

为什么 Cassy 会做出不同的舞蹈动作呢？因为脚本中使用了“下一个造型”积木语

句。选中 Cassy 角色，然后在积木区上方单击“造型”，积木区和编程区会变成造型区和绘图区，如图 2.13 所示。可以看到，在造型区中有 4 个 Cassy 的造型，正好就是她的 4 个舞蹈动作。而且这 4 个造型的排列顺序，就是运行脚本时她的动作顺序。可以想到，“下一个造型”这块积木的效果就是让角色的造型变成顺序中的下一个，最后一个造型的下一个又回到第一个造型。

图 2.13　造型区与绘图区

2.3.4　角色间的脚本复制

请按照前面的操作，从角色库中选择角色 Ballerina，放在舞台上 Cassy 的对称位置，脚本与 Cassy 相同。这里有个小技巧，先选中 Cassy，单击积木区上方的“代码”显示编程区，按住脚本的第一块积木，将脚本整体拖动到角色区 Ballerina 图标的上面并放开。这时脚本会回到原先位置，但是如果选中 Ballerina 角色，会看到脚本已经被整体复制过来了。

2.3.5　运行模式

请单击舞台区右上角的 ⛶，只显示舞台，这时只能通过绿色小旗和红灯来控制脚本开始和结束运行。其实这才是真正的运行程序的模式，在这一模式下，无法用鼠标来移动角色，所以不会因为误操作而改变它们的位置。单击右上角的⛶，或者按 Esc 键，可以退回先前的编程模式。

最终得到的跳舞程序效果如图 2.14 所示。

图 2.14　最终的跳舞程序效果

2.4　保存文件

我们已经完成了第一个 Scratch 程序，这是很有意义的，应该把它保存下来。单击菜单栏中的“文件”，然后选择“保存到电脑”，这时会出现一个对话框，在 Windows 操作系统下如图 2.15 所示。应该先确定文件要保存的位置，然后在“文件名”文本框中输入你为这个程序取的名称（例如：Dance），单击“保存”按钮完成。如果你不太了解文件位置、文件名这些概念，最好找知道的人请教一下。

假设我们给这个程序取的名称是“Dance”，保存后完整的文件名会是“Dance.sb3”，其中，sb3 是 Scratch 桌面编辑器自动添加的文件扩展名（如果操作系统设置为文件扩展名不可见，那么只会显示 Dance）。一旦保存了文件，文件名会出现在菜单旁边的文本框中，成为当前 Scratch 程序的作品标题。以后只要通过 Scratch 桌面编辑器“文件”菜单中

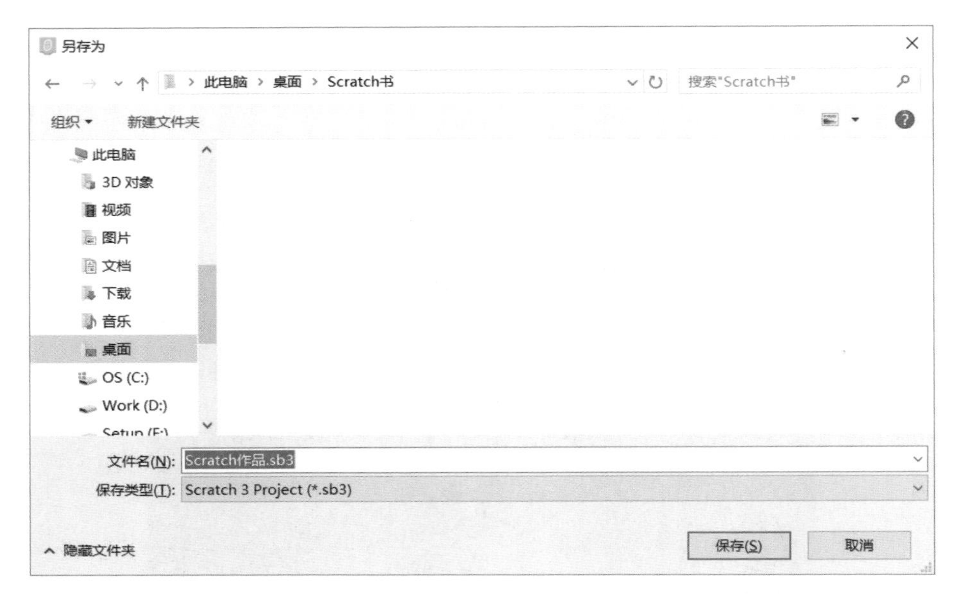

图 2.15　保存文件

的“从电脑中上传”功能，就可以在计算机中找到并再次打开它。以后我们编写的程序会越来越复杂，一下子不能完成，就需要先保存，以后再打开，继续编程后，再保存（这时可用相同的文件名保存在同一位置，替换之前的文件）。为了防止计算机或程序运行时的意外故障，有经验的程序员会养成经常保存的好习惯。

2.5　本章小结

这一章我们认识了 Scratch 桌面编辑器的界面，使用了一些基本的积木语句：移动、重复执行、改变颜色特效，还使用了两个事件相关的积木语句。改变积木语句的参数，会影响语句执行的效果，例如移动10步积木，参数为正数表示向前移动，参数为负数则会向后移动。通过使用事件类的积木，我们能编写脚本实现事件响应。积木有不同的类别，每个类别的积木都有各自的颜色。我们还通过添加了音乐类积木。

在编程过程中，我们学习并实现了以下操作：往编程区添加删除积木，改变积木的参数，运行积木脚本，组合拼接积木等。我们还学习了如何从背景库中选择背景，从角色库中选择角色。每个角色都能够分别编程进行控制，脚本还能够从一个角色复制到另一个角色。

我们初步用到了角色的不同造型，在后续学习中会更深入地了解。

我们知道了用能够进入运行模式，这时利用绿色小旗和红灯来控制程序的启动和停止。

最后我们还学习了如何保存已完成的程序。随着学习的深入，你会编写许多 Scratch 程序，建议你为它们准备好特定的保存位置，便于管理。

2.6　练习：灯光师

请从背景库中选择一个你喜欢的背景，并实现以下效果：有两盏彩灯从舞台区的左侧逐步移动到右侧，然后再逐步移动回左侧，不断往复移动。你是灯光师，可以用按键 1 和 2 分别控制这两盏灯，每按一下键，相应的灯就会改变一次颜色。程序效果如图 2.16 所示，虚线表示彩灯往复移动情况。提示：用鼠标单击角色区角色图标右上方的，就可以删除该角色。彩灯可用角色库中“所有”下的 Ball 来代替。“当按下空格键”积木上有个小三角，单击它可以选择不同的按键，数字排在最后面（你可以用右侧的竖直滚动条快速定位）。要重点考虑如何控制彩灯往一个方向慢慢移动（而不是一下子就移过去），如何让彩灯不断往复移动。如果你发现程序对按键没有响应，但又觉得自己的程序没有问题，有可能是启用了输入法的原因，需要找人帮你关闭输入法后再试试。

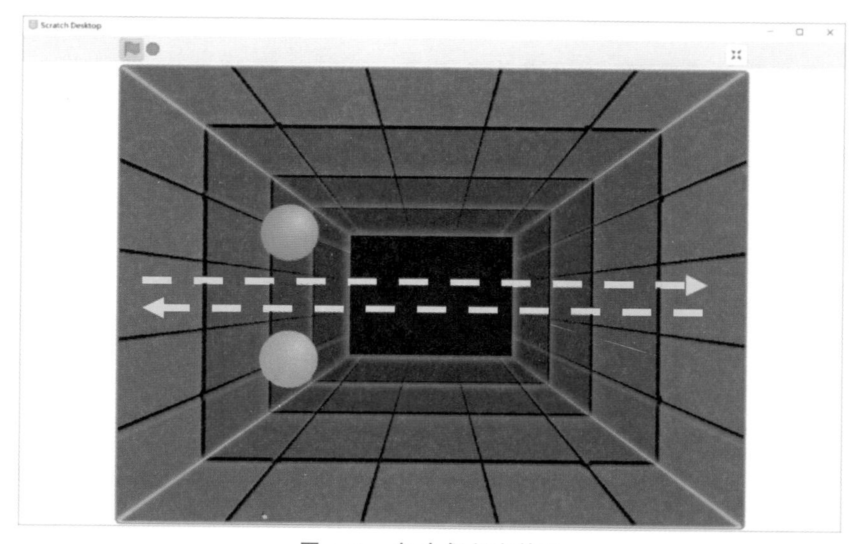

图 2.16　灯光师程序效果

第 3 章

动画贺卡

这一章先来学习常用的一些动画效果是如何实现的，然后利用已学过的内容编写一个电子贺卡的程序。

3.1 动画基础

3.1.1 删除与新建角色

在第 2 章的练习中，已经提示了如何删除一个角色：用鼠标单击角色区角色图标右上方的 ，就可以删除该角色。还有一个方法就是用鼠标右键单击角色图标，在弹出的对话框中选择“删除”。角色被删除的同时，它的造型、脚本也被删除。如果删除角色后反悔了，可以通过菜单栏中“编辑”下的“复原删除的角色”来恢复。

新建角色有几种途径，可通过单击角色区右下角的 弹出的几个图标来实现，如图 3.1 所示。

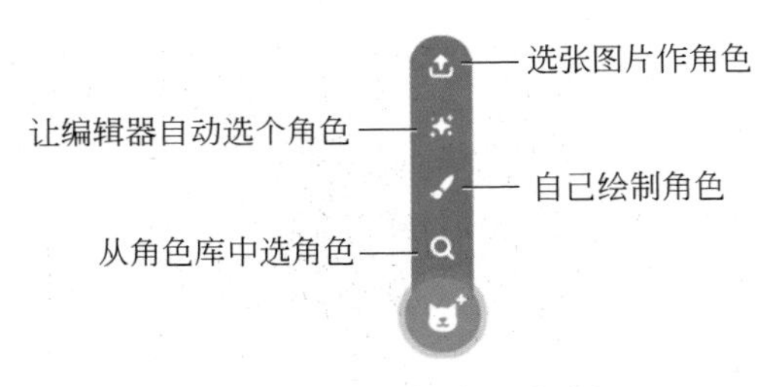

图 3.1 新建角色的几种途径

3.1.2　第一个字母角色

请你删除小猫角色，然后从角色库中选取字母 Block-B 作为角色（提示：可在“字母”类别中快速找到）。为该角色添加如图 3.2 所示脚本。

图 3.2　脚本 1

为了添加可播放的声音，需要单击积木区上方的“声音”进入编辑声音的界面，如图 3.3 所示。实际上，“代码”“造型”“声音”是三个面板，每个面板都有自己的区域划分和特定功能。

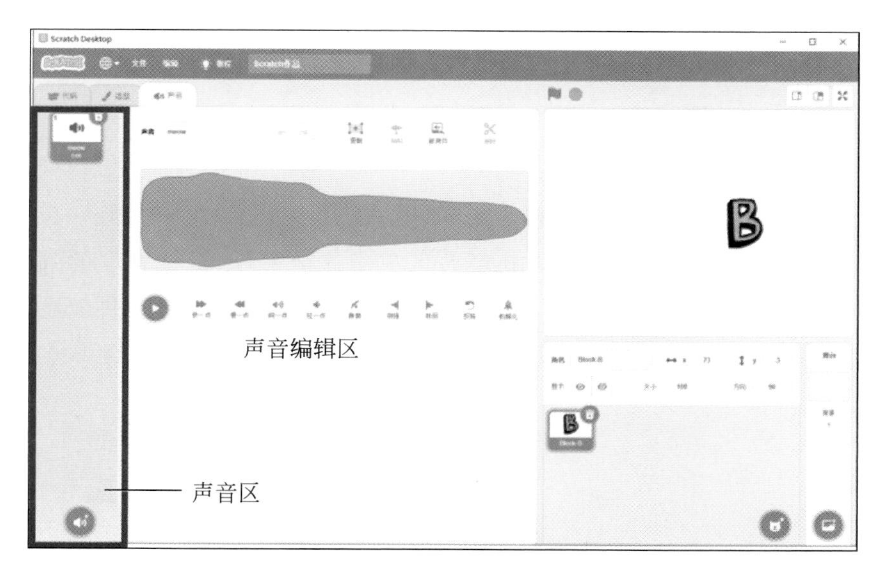

图 3.3　声音面板

单击声音区内（有蓝框标记）右上角的，就可以删除该声音。把鼠标移到声音区下方的圆形按钮上，弹出几个图标选项，同时右侧出现“选择一个声音”的提示。单击按钮，或者单击弹出的放大镜图标，出现选择声音的窗口。单击窗口上面一排按钮中的

“效果”,在最下方找到 Zoop,如图 3.4 所示。鼠标移到 Zoop 图标上,会自动播放 Zoop 的声音。单击 Zoop 图标,回到原来的界面。

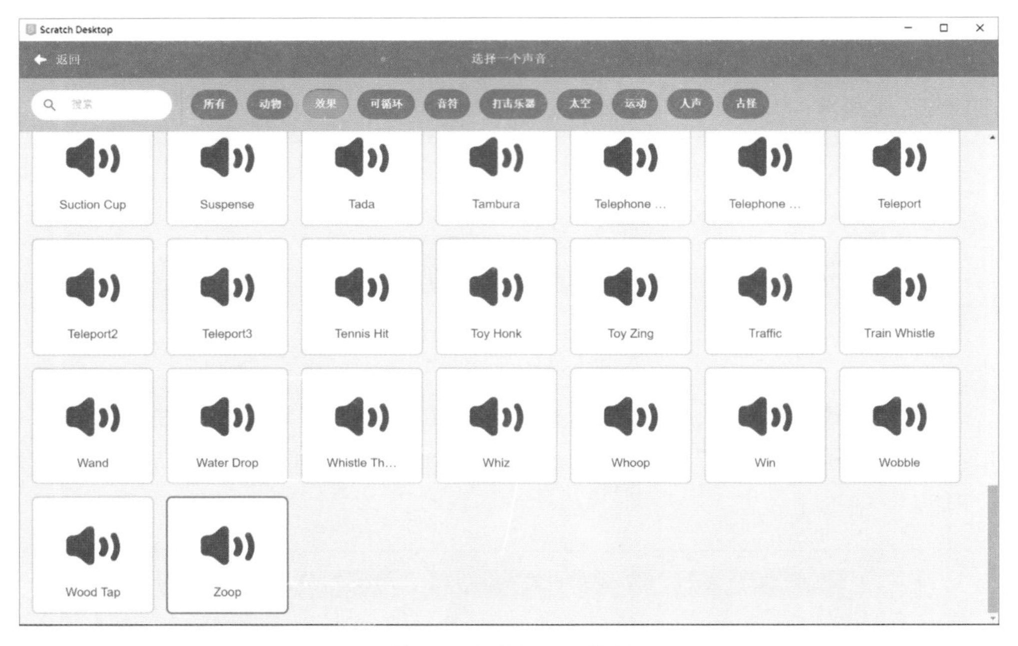

图 3.4 选择 Zoop 声音

切换到代码面板,修改脚本如图 3.5 所示。然后从背景图中选择一个你喜欢的图作背景,效果如图 3.6 所示。可以在舞台区单击这个字母,试试程序的效果。如果细心数的话可以知道,当每次单击角色都将颜色特效增加 25 时,一共会显示 8 种不同的颜色。实际上不同的颜色特效值只有 200 个,颜色特效 −100 与 100 的效果是相同的。

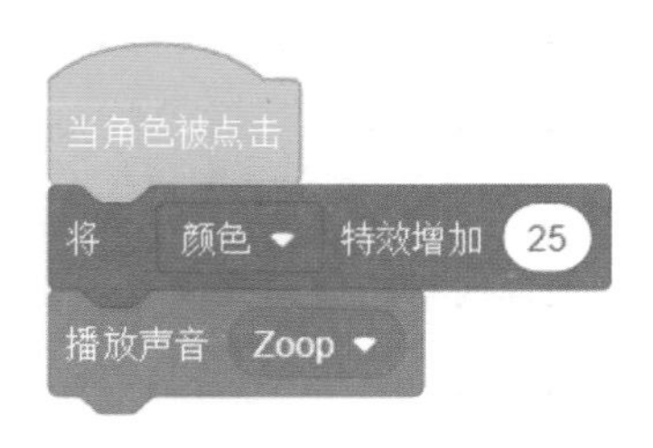

图 3.5 脚本 2

图 3.6 第一个字母

3.1.3 第二个字母角色

第二个字母角色让我们自己来画。

在单击弹出的图标选项中，单击画笔图标，新建角色并直接进入造型面板。绘图区中常用工具和按钮的说明如图 3.7 所示。

先选择，会发现绘图区的工具栏有变化，如图 3.8 所示。

单击“填充”旁边的方框，打开设置颜色的对话框，如图 3.9 所示。其中，“颜色”滑块用于设置基础的色彩，最小值 0 和最大值 100 都是红色；“饱和度”滑块用于设置色彩的浓淡，100 最浓最鲜艳，0 最淡，淡成白色；“亮度”滑块用于设置色彩的明亮程度，100 最亮，0 最暗，暗成黑色。

请利用颜色对话框调出一个最鲜艳的红色（提示：颜色值为 0 或 100，饱和度值为 100，亮度值为 100），然后设置线条宽度为 30，在绘图区画一个小写字母 i，如图 3.10 所示。这时造型区图标、角色区新角色的图标也都变成我们自己画的图像了，同时舞台区也显示出这个红色的 i。在绘制过程中，如果不满意，可以单击撤销上次操作。

确认角色区中当前角色为自己绘制的字母，然后单击“代码”切换到代码面板，编写

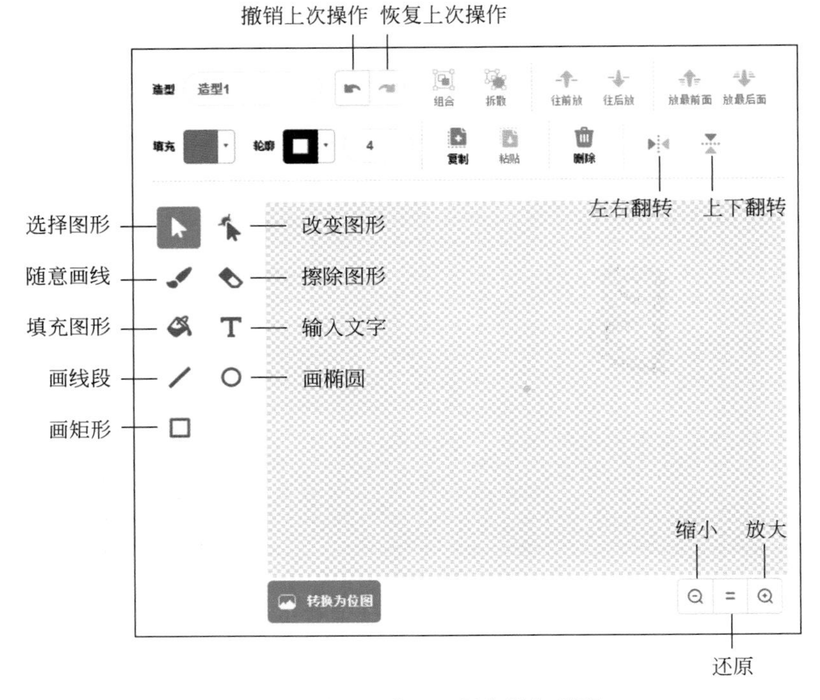

图 3.7　绘图区常用工具和按钮说明

图 3.8　画笔的设置

如图 3.11 所示的脚本。提醒：需要先新建声音才能够用积木语句播放，SpaceRipple 在声音库的“所有”分类中，可利用左上角搜索功能快速定位（例如在搜索框中输入“space”）。单击舞台区中的字母 i，看看效果如何？如果要让字母 i 回到原先的角度，只需要单击积木区中的 面向 90 方向 。

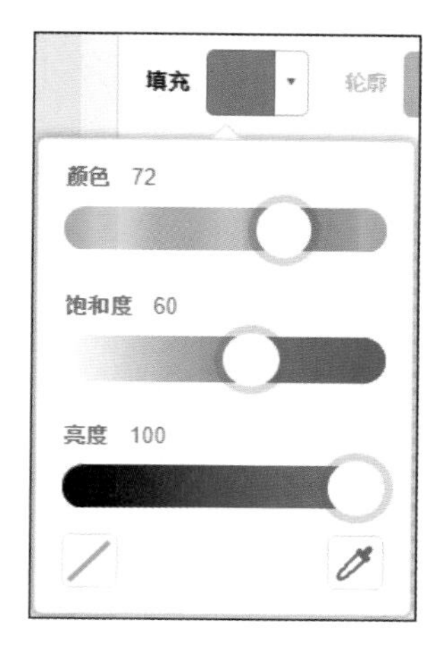

图 3.9　颜色对话框

图 3.10　自由绘制造型

能不能让字母 i 绕着上面的点旋转呢？其实每个造型都有一个中心点，也就是旋转的中心。你用 把造型绘图区放大，就容易看到有个 标记了造型的中心。用 恢复造型绘图区原先的大小，单击 进入选择状态，然后在绘图区的左上角按住鼠标左键，向右下拖曳，直到形成的方框把字母 i 都围住再放开鼠标左键。这时可以看到整个字母 i 都

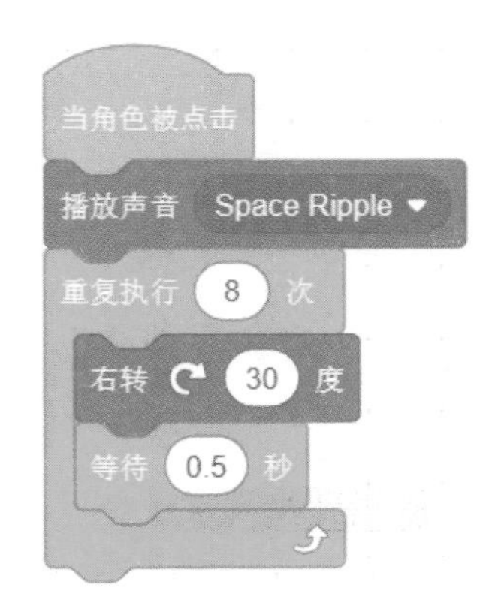

图 3.11　脚本 3

被包含在一个方框中。单击这个方框并拖动，使得字母 i 上面的点覆盖造型中心的标记。这时再单击舞台区的字母，它就会绕着上面的点旋转了。想一想，如果图像远离造型中心，会如何旋转？如果要编程实现一个闹钟，将时针、分针、秒针分别设计成一个角色，那么它们与造型中心的位置关系应该是怎样的呢？

对于我们的角色 i 来说，每单击一下，会旋转 30×8＝240°，如果单击 3 次，共旋转 240×3＝720°，正好是两圈（一圈 360°），回到起始的角度。

如果你绘制的字母 i 比较大，旋转时不能全部显示在舞台区内，可以在造型绘图区先用上面介绍的方法将整个字母都选中，然后尝试单击并拖动方框边角上的圆点，改变图像的高度和宽度，直到大小满意为止。

3.1.4　第三个字母角色

从角色库中选取字母 Glow-G 为新角色（提示：可在“字母”类别中快速查找），把它移到如图 3.12 所示位置。

请观察积木区中 移到 x 67 y -9 和 在 1 秒内滑行到 x 67 y -9 的参数，其中，x 和 y 的参数值就是当前角色所处位置（由于你摆放的位置与书上的位置不可能一样，所以你屏幕上的参数值会与书上的也不一样；另外，角色区上方 ↔ x ↕ y 内也显示了当前角色所在位置）。将 在 1 秒内滑行到 x 67 y -9 拖到编程区，然后如图 3.13 所示，将舞台区中的字母 G 摆放到新的位置，观察积木区中控制滑行的积木的参数值，并把它拖到编程区，组成如图 3.14 所示的脚本（图中浅黄色部分是为积木添加的注释，只需拼接对应的积木即可）。

图 3.12　字母 G 的初始位置

图 3.13　字母 G 的新位置

3.1.5　第四个角色

从角色库中搜索并选取 Star 为新角色，把它移到如图 3.15 所示位置，并为它编写如图 3.16 所示的脚本。

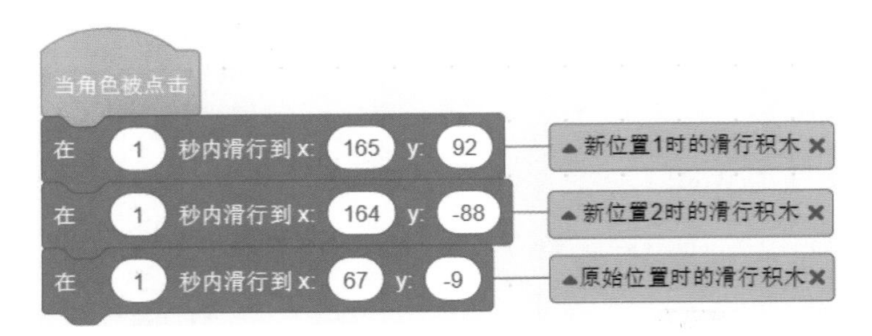

图 3.14　脚本 4

图 3.15　各个角色的位置

请你依次单击各个角色，看看它们的动画效果。自己尝试修改参数值，或者组合不同的积木，看能实现哪些有趣的特效。提醒：积木 将 颜色▼ 特效增加 25 中“颜色”旁边有个小三角，单击它可以发现更多特效。单击积木 清除图形特效 可以将角色恢复到原始状态。

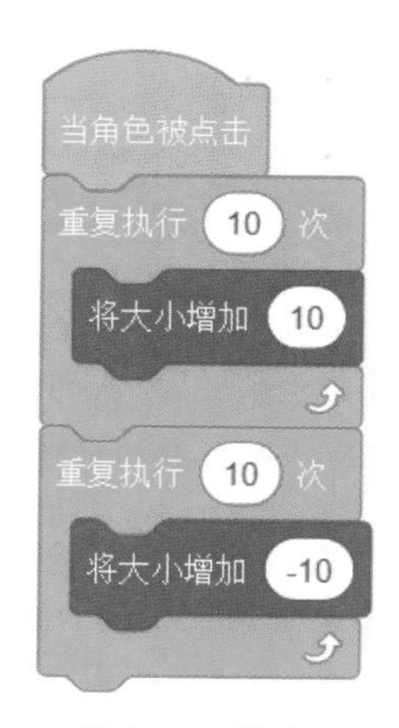

图 3.16　脚本 5

3.2　万圣节贺卡

保存你已完成的 Scratch 程序,然后单击“文件”菜单下的“新作品”,开始编写新的程序(提示:如果弹出对话框问“是否丢弃当前作品中尚未保存的内容?”,可单击“确定”按钮)。当然,你也可以通过关闭并重新打开 Scratch 桌面编辑器来开始一个新的程序。

3.2.1　跳动的红心

请删除小猫角色,然后从角色库中搜索并选取 Heart 作为新角色。请为这个角色实现以下功能。

(1) 当🏴被单击时运行脚本
(2) 将角色的大小设定为 100
(3) 重复执行 10 次
(4) 　　将角色的大小增加 10
(5) 击打小军鼓 0.25 拍

(6)　　将角色的大小增加－10
(7) 击打小军鼓 0.25 拍

你编写的程序是不是和图 3.17 一样呢？这几行文字说明了程序的流程和内容，但与真正的程序不同，与正常的文字段落也不同。这几行文字称为伪代码。伪代码并没有严格的格式，在本书中会使用序号来表示不同的积木语句（或实现某个功能的语句组合），用缩进（如上面(4)～(7)比前面几句靠右两个汉字）表示积木语句的包含关系。在后面的章节中，会经常使用伪代码来代替实际的程序，特别是那些我们认为你有能力自己实现的脚本程序。

图 3.17　脚本 6

除了伪代码以外，流程图也是常用的表示程序流程和内容的方法。请你阅读一下本书的附录 A。

3.2.2　为舞台编程

从背景库中搜索并选取 Hearts 作为舞台的新背景，移动角色 Heart 的位置，如图 3.18 所示。提醒：请确保 Heart 的大小为 100（这可以通过执行图 3.17 的脚本实现，

或者执行积木区的 将大小设为 100 。

图3.18　背景与红心的位置

单击背景区，确认是选中状态（有蓝色框），然后切换到代码面板，我们看到可以为舞台编写程序。请按如下伪代码编写。

(1) 当 被单击时运行脚本
(2) 重复执行10次
(3) 　　将颜色特效增加25
(4) 　　等待0.6秒

3.2.3　文本角色

用自己绘制造型的方法新建角色，选择 T 输入文字。请确认设置为黑色（亮度值为0即可），默认字体为SansSerif，请把它改为Maker。在绘图区空白处单击，然后输入"Happy Halloween!"。用 选中文字，然后调整大小，并调整角色在舞台区的位置，如

图 3.19 所示。

图 3.19 文本角色的位置

为这个文本角色编写脚本程序(其中,声音 Dance Celebrate 在声音库的“可循环”类别中,但显示为“DanceCel…”):

(1) 当🏴被单击时运行脚本
(2) 播放声音 Dance Celebrate,等待播完

3.2.4 奇幻角色

从角色库的“奇幻”类别中选取 Giga 作为新角色。可以通过[将大小增加]或[将大小设为]或角色区上方中的[大小 100]来调整角色的大小。然后把 Giga 放到如图 3.20 所示的位置。

为 Giga 实现以下脚本程序(注意缩进表示的语句包含关系)。

图 3.20　调整 Giga 大小并放置

(1) 当🏴被单击时运行脚本
(2) 面向 90°方向
(3) 重复执行 5 次
(4)　　重复执行 20 次
(5)　　　　向右旋转 18°
(6)　　等待 1 秒

从角色库的“奇幻”类别中选取 Nano 作为新角色，调整大小后把它放到舞台区与 Giga 左右对称的位置，如图 3.21 所示。将 Giga 的程序复制给 Nano 即可(可参考 2.3.4 节的内容)。

万圣节贺卡完成，看看效果吧！

图 3.21 万圣节贺卡

3.3 本章小结

这一章使用了不同的动画效果，包括改变颜色、旋转、滑行和改变大小，还请小朋友自己尝试其他特效和组合不同的特效。

一个 Scratch 程序中可以有多个角色，我们学习了删除角色、新建角色和改变角色大小的操作，尝试了自己绘制角色造型，初步使用了一些绘图工具。造型中心的位置会影响角色旋转的效果。

在制作万圣节贺卡时，我们接触到了伪代码。你是不是已经有能力根据伪代码的说明来实现程序了呢？我们还知道了可以为舞台编写程序。

本章用到了角色的坐标位置。Scratch 的舞台是一个 480×360 大小的矩形，它的坐标体系如图 3.22 所示。角色的坐标位置其实是角色造型中心的坐标位置。超出舞台坐标范围的坐标位置仍然是有意义的，只是那些位置超出了舞台展示的范围，看不到而已。

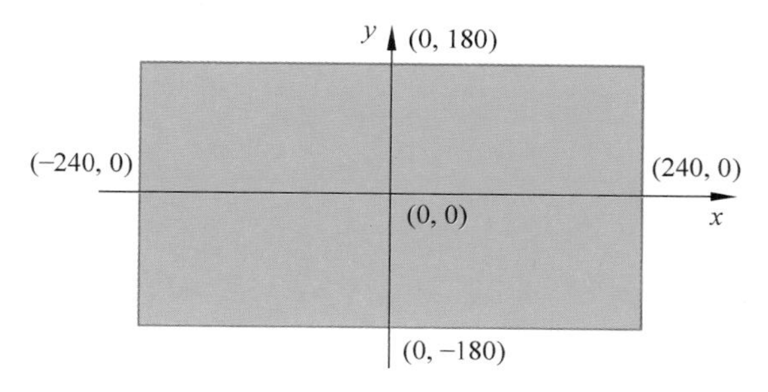

图 3.22　舞台的坐标体系

3.4　练习：我的贺卡

请你制作一张自己的动画贺卡，送给你的家人、老师或同学。尽可能运用你已经学到的各种动画效果，配合声音播放和文字显示，相信对方一定会喜欢。

第 4 章

石头剪子布

我们在前面的章节中已经知道，一个 Scratch 程序中可以有多个角色，每个角色可以有多个造型。舞台相当于一个特殊的角色，也可以有脚本程序，可以有多个背景（背景相当于舞台的造型）。我们可以通过脚本程序控制角色在不同的造型之间切换，同样也可以在不同的背景之间切换。本章先综合应用以前学过的内容制作一个动画，然后一起来完成本书中的第一个游戏——石头剪子布。

4.1 街舞

4.1.1 设置舞台背景

请新建一个 Scratch 程序，然后从背景库中选取图片，依次新加 3 个背景（都在“户外”类别中）：Playground、Mural 和 Pathway。单击背景区，然后单击积木区上方的“背景”，可以看到目前舞台有 4 个背景，第一个空白的背景是新建 Scratch 程序时自动生成的，第二到第四个背景是依次新添加的。把第一个空白背景删除（确认选中了空白背景的图标，然后单击右上角的🗑；或者用鼠标右键单击空白背景图标，再选择“删除”）。

切换到舞台的代码面板，实现如图 4.1 所示的脚本。

实现如图 4.2 所示脚本，循环播放背景音乐，其中，Dance Celebrate 在声音库的“可循环”类别中。虽然音乐的播放也可以由角色来实现，但这毕竟是与整个动画有关而与具体角色没有直接关系的功能，所以在舞台相关的程序中实现更符合逻辑。

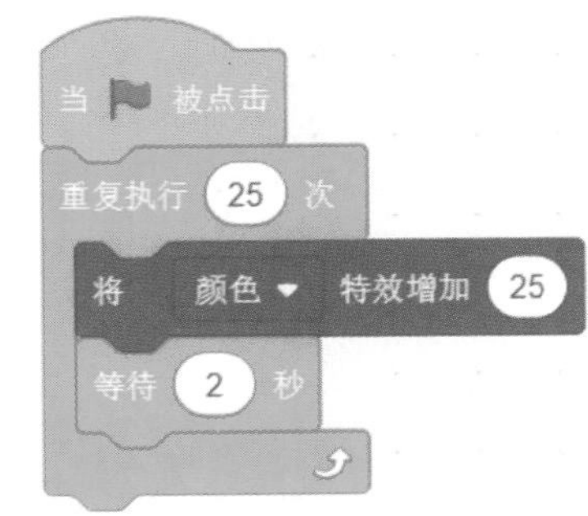

图 4.1 舞台的脚本

图 4.2　播放背景音乐

4.1.2　街舞者

请删除小猫角色，然后从角色库的“舞蹈”类别中选择 Ten80 Dance 作为新角色。

我们想通过造型的不断切换，让角色看起来像在跳舞（摆出不同的姿势），同时希望角色每做完一套动作就换一个场景。这里只选用部分造型，如图 4.3 所示。如果觉得总是从积木区把积木语句拖出来很麻烦的话，可以直接在编辑区复制已有的积木语句。单击哪一块积木语句，能够复制几块拼接在一起的积木？你只需要试一试就能找到答案，然后总结一下规律。

如果觉得组织这么多相同的积木很麻烦，不够简洁美观，也可以使用 下一个造型 这块积木。我们可以在造型面板中删除不用的造型，然后调整造型的编号顺序。用鼠标按住某个造型图标，然后把它拖到另两个造型图标之间再放手，就能看到造型编号的变化了。图标上显示的造型名称不完整时，可以选中该图标，查看绘图区左上方“造型”右侧的文本框内容。

由于调整后只剩下 7 个造型，所以脚本程序可改写成如图 4.4 所示。注意，为了保证脚本程序每次执行时，角色造型都从 Ten80 stance 开始，应该指定这个造型。请你比较一下图 4.3 和图 4.4 的脚本执行效果，想一想，你能不能自己把图 4.3 的脚本改写成图 4.4 的样子。

4.1.3　自拍角色

能不能把自己也变成一个角色放到场景中？当然可以。第一种方法是单击角色区右下角的，在弹出的图标选项中，单击图标导入自己的照片。第二种方法是先以绘制方式新建角色，然后在造型区下方弹出的图标选项中，单击直接给自己照相。单击后会打开摄像头（如果你用的是台式计算机的话，需要连接额外的摄像头，如果你用的是笔记本电脑，一般都自带摄像头），只需要调整被拍摄物体的位置，当摄像头画面中的内容合适时，单击，然后再单击“保存”按钮，就完成了。可以通过第二种方法为角色拍摄多个造型。你可以做几个舞蹈动作，请爸爸妈妈帮你在屏幕上单击完成拍摄。图 4.5 是用摄像头拍一只手的情景，为了让背景不那么乱，用一张 A4 纸放在了手的后面。

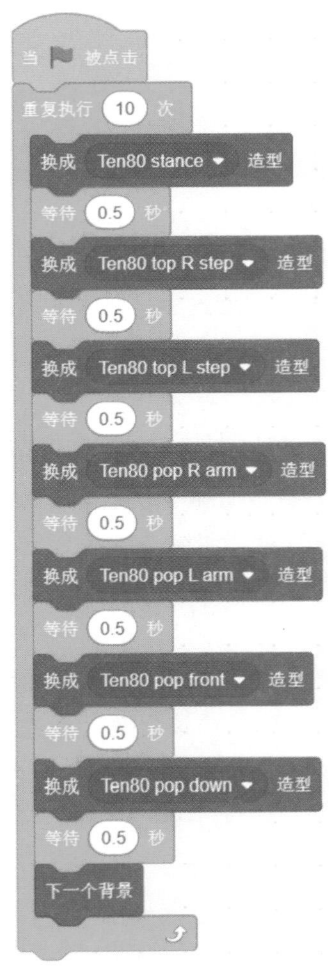

图 4.3　切换造型与背景 1

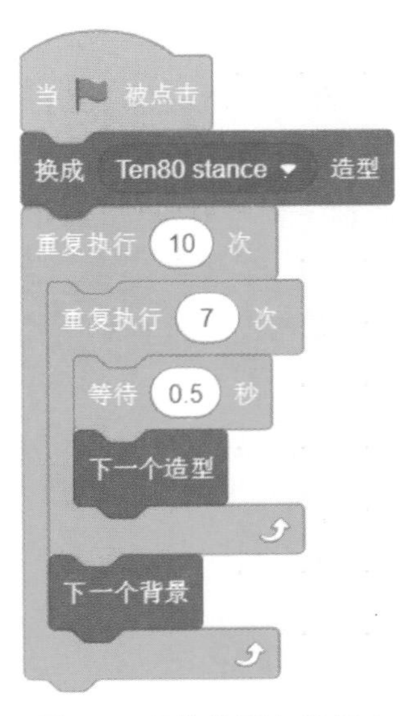

图 4.4　切换造型与背景 2

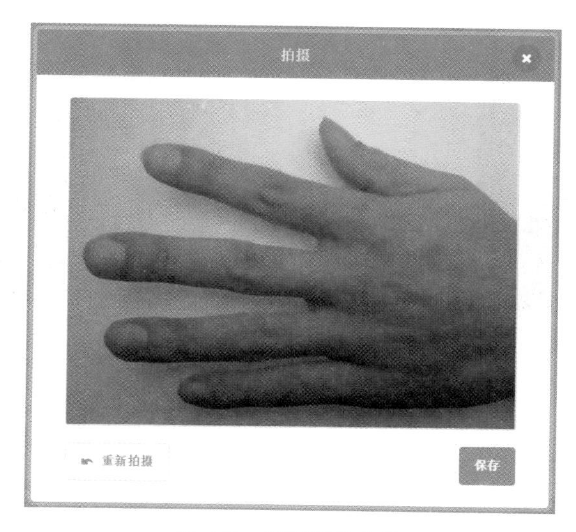

图 4.5　用摄像头自拍

你可能已经注意到了，拍摄得到图像后，绘图区左侧的工具图标与第 3 章介绍的有所不同。其实区别在于绘制图像的模式不同，第 3 章中直接以绘制方式新建一个造型，进入的是矢量图模式，而拍摄图像后进入的是位图模式。这两种模式的区别在第 7 章中会详细介绍。不同模式下的工具图标不一样，但功能是相似的。

用摄像头拍摄得到的是一个矩形的图像，包含拍摄的主体和背景。而从角色库中看到的角色造型都是不带背景的，所以下面要做的工作是将拍摄主体以外的内容清除。这就需要用到橡皮擦工具了。选择了橡皮擦工具后，鼠标指针变成一个圆圈，通过改变绘图区上方右侧的值，可以调整圆圈的大小。单击鼠标左键，或者按住后拖动，可以看到鼠标经过的地方露出灰白色格点的底板来，表示这些地方的颜色已经被擦掉，效果从舞台区也可以看出来。在一些细节的地方，可以用右下角的放大图像后再操作。如果不小心擦除了主体部分，可以用绘图区上部的来恢复。另外，如果有大片区域要擦除，也可以先用工具选择一个矩形框，然后单击删除或按 Delete 键来整体擦除。最后别忘了调整一下造型的中心。图 4.6 中两个造型就是用上述方法得到的。

可以分别为各个造型命名。在绘图区左上方“造型”右侧的文本框中输入文字，按回车键或者用鼠标单击其他地方，就会改变造型的名称。角色的名称也可以设置，只需要选中角色区中的角色图标后，在上方“角色”右侧的文本框中输入新的角色名称即可。

请调整你的角色大小，并为角色编写脚本程序，让角色每隔 0.5 秒切换一个造型。

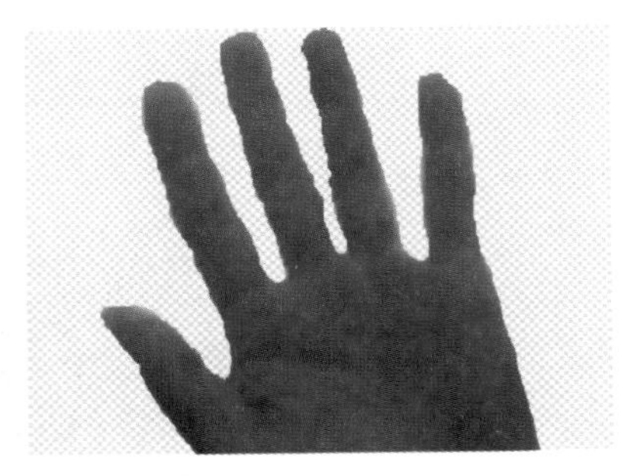

图 4.6　自拍并擦除背景后的造型

4.1.4　同步的调试

运行你的程序，背景、音乐、各个角色都在变化，它们能同时结束吗？你能让它们同时结束吗？

对于 Ten80 Dance 来说，根据图 4.4 的脚本，如果忽略切换造型和背景的时间，等待时间为 0.5×7×10=35 秒。如果自拍角色只有两个造型，每隔 0.5 秒切换一次，那么也应该保证有 70 次切换。舞台脚本中关于颜色特效变化的部分，目前的等待时间是 2×25=50 秒，显然不会与角色造型切换同时结束。如果改成重复执行 35 次，每次等待 1 秒，那就可以了。当然，你也可以改成其他执行次数与每次等待时间的组合。播放声音的时长控制比较麻烦。在声音面板中可以看到，Dance Celebrate 声音图标下显示有“8.02”字样，表示这段声音的时长为 8.02 秒。你只能用积木语句设置声音的播放次数，但无法控制声音的播放速度。为了控制总的播放时间，可以考虑编辑声音的长度。Scratch 桌面编辑器内置了一些编辑声音的功能，如图 4.7 所示，你可以试一下各种功能的效果。其中，“快一点”“慢一点”和“修剪”都会影响声音的长度，但是声音长度的变化可能无法立即显示在声音图标上。把编辑后的声音复制一下，就会看到更新后的声音长度了。或者保存这个 Scratch 程序，然后再打开，声音长度的显示也会更新。

前面关于时长的计算中，认为某些操作不占时间，这与实际情况是略有不同的。因此在调整完后，仍需要运行程序看一看效果。可在某些地方插入新的等待很短时间的积木语句来进行微调。通过运行程序来发现问题，然后修正语句解决问题的过程，称为调试。对于编程来说，特别是大型的复杂的程序，难免会有这样那样的问题，这就需要认真细致地调试。

图 4.7　内置的编辑声音的功能

对于我们这个动画来说，如果不考虑角色整套动作与声音的同步，只是要求同时停止的话，可以使用停止 全部脚本积木语句。只要找到最先结束的那段脚本，在脚本最后添加停止 全部脚本，就相当于在那时单击了。

4.2　石头剪子布

我们来制作一个石头剪子布的小游戏。

4.2.1　设置背景

新建一个 Scratch 程序。选中背景区的图标，然后切换到背景面板，现在的背景是一片空白。选择绘图区左边的矩形工具，再设置一个喜欢的颜色（不要选择红、黄、蓝色，建议选择深绿色）作为填充颜色，同时设置轮廓为（表示不用颜色）。在绘图区中单击并拖动出一个矩形框，然后单击矩形框边角上的圆点并拖曳，使矩形框覆盖整个绘图区，这时整个背景就变成你所选择的颜色了。

4.2.2 添加角色导入图片

删除小猫角色，通过单击角色区右下角弹出的，导入本书配套的第 4 章素材中的 rock.png（如果找不到这个文件的话，请爸爸妈妈帮一下。本书配套的素材可以在 www.tup.com.cn 网站上下载）。把该角色这个造型的名称改为“rock”。

在这个角色的造型面板中，通过单击造型区下方弹出的，分别导入 paper.png 和 scissors.png。

4.2.3 编写程序

将新建的角色更名为“左”，设置大小为 50，用鼠标把它拖放到舞台区的左边。为该角色编写如图 4.8 所示的脚本程序，运行程序看一下效果（提示：“按下……键?”积木在“侦测”类别内，单击中间的参数可以设置不同的按键；“停止……”积木在“控制”类别内，也需要改变默认的参数）。

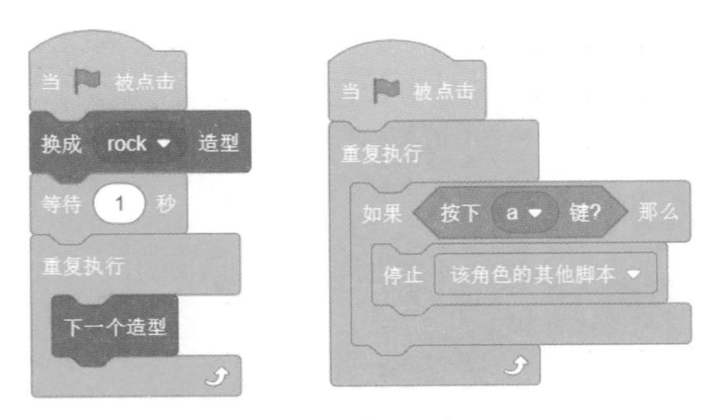

图 4.8 脚本程序

4.2.4 复制角色

用鼠标右键单击角色区“左”的图标，选择“复制”命令。将复制得到的角色改名为“右”，放到舞台区右边位置。把新角色的脚本中测试按键的积木语句参数由字母“a”改为字母“l”。

这个小游戏开发完成了，最终效果如图 4.9 所示。单击🏴后，两只手都呈拳头状，然后开始快速变化。如果按 A 键则左边的手停住，按 L 键则右边的手停住，根据停住的手形判断哪一边赢了。你可以和同学或家人来玩这个游戏，看看谁的运气好，赢得多。

图 4.9　石头剪子布游戏

请你思考：

(1) 在脚本程序中使用了“停止该角色的其他脚本”，为什么没有用“停止全部脚本”或“停止这个脚本”？如果用后面两种情况，是什么效果？你可以试一试。

(2) 能不能给游戏配上背景音乐和音效？如何实现？请你试一试。

(3) 能不能每一局游戏在一个新的背景下进行？请你实现。

(4) 如何能够让游戏角色自己判断并说出哪一边赢了？

(5) 如何能够让游戏的某一边(例如左边)总是赢？如何能够让游戏的某一边以某个概率赢(例如，80%可能会赢，20%可能会输)？

学习本书后面的章节，你应该能够轻松实现(4)和(5)。

4.3 本章小结

本章实践了舞台的多背景和角色的多造型，还通过摄像头自拍造型并擦除背景。Scratch 桌面编辑器支持对声音的简单编辑。多个背景、造型和声音的顺序都是可调的。角色、造型、背景、声音都能重新命名。

测试并修正程序错误、优化程序表现的行为称为调试。可以通过调试，修改积木语句的参数，使得各个角色的脚本效果同步。

在本章中，我们用 Scratch 制作了第一个游戏——石头剪子布。在实现游戏的过程中，我们尝试了导入图片作为角色造型。这个游戏的脚本程序虽然简单，但实现了键盘按键对游戏元素——角色的控制，确实已经是一个游戏了。对于游戏来说，画面、音乐、音效都是重要的元素，可发挥你的创造性来为游戏添彩。

4.4 练习：我的动画

制作一个以自己为主角的连续动作的动画，例如，做一节早操、练一段武术、跳一段舞蹈等。关键问题：如何才能让动作看起来连贯？

第 5 章 弹球游戏

盖房子需要事先设计好所有细节，确保无误后才开始动工。编程则不同，即使程序编写无误，也经常需要在程序编写完成后进行参数调整，而且可以在已经实现的功能基础上，添加新的功能。从本章开始，我们编写的许多游戏程序都会先实现基本的功能，然后在其中添加新的元素，使游戏更丰富、更出色。

5.1 弹跳的球

开始一个新的 Scratch 程序。把小猫角色删掉，添加一个你喜欢的游戏场景（例如"太空"类别中的 Stars）。

选择角色库中的 Ball 作为新角色，把它调整到你喜欢的大小。请实现 Ball 的以下功能。

（1）Ball 每一步移动的距离为 10（可用 移动 10 步）。

（2）Ball 碰到舞台边缘会反弹（可用 碰到边缘就反弹）。

（3）Ball 不停地移动和反弹。

（4）Ball 移动的初始方向为 45°（可用 面向 45 方向）。

（5）Ball 在单击 🏁 后开始移动。

试一试你的程序效果。

5.2 添加挡板

选择角色库中的 Paddle 作为新角色，调整到合适的大小。请实现 Paddle 的以下功能。

(1) Paddle 永远跟着鼠标移动(可用 移到 鼠标指针)。

(2) Paddle 在单击 后开始移动。

试一试你的程序效果。

5.3 让球碰到挡板就反弹

由于使用了积木 碰到边缘就反弹 ,球碰到舞台边缘后就会反弹,怎样让球碰到挡板也能反弹呢?

一个简单的处理办法是为 Ball 添加如图 5.1 所示的脚本片段(提示:“碰到……?”积木要在“侦测”类别中找,然后改变默认的积木参数)。这段脚本的意义是说,如果 Ball 碰到了 Paddle,就将移动方向改为向后转,当然效果就是反弹回去了。请你将如图 5.1 所示的脚本片段放在一个单独的、以 当 被点击 开始并且不断重复执行的脚本程序内。之所以要把脚本片段放在重复执行的积木语句内,是因为:侦测本身只是一个动作,被侦测的事件可能发生了,也可能没有发生;不管事件是否发生了,侦测这个动作都会执行,或者说不管是否侦测到事件,这个积木语句都会执行完成;如果想要不断侦测,就必须不断重复执行这一侦测的语句。初学者容易犯的一个错误就是没有把侦测语句放在重复执行的积木中,以为只要没有侦测到事件,就会不断侦测下去。

图 5.1 让球碰到挡板就反弹

试一下你的程序,效果如何?在大部分情况下,球都能被挡板反弹,但是如果你快速把挡板移到球的中间位置,球会不断抖动却无法离开挡板(你多试几次就能复现这种情况),这是为什么呢?

对照着脚本程序,考虑当挡板一下子出现在球中间位置时,它的执行应该是怎样的?程序侦测发现 Ball 碰到了 Paddle,因此 Ball 向右转 180°改变了移动方向;如果球移动但还没有来得及离开挡板时,程序又侦测发现 Ball 碰到了 Paddle(显然两者碰到一起了),那么 Ball 又会向后转,结果就是回到了最初的方向;球继续移动,但还没有来得及离开挡板,又被侦测碰到了 Paddle,于是再次回转;……如此不断反复,表现出来就是 Ball 在原地抖动打转。

明白了原因，我们就能够修正这个问题了：只要在 Ball 转向后，确保移动并离开了 Paddle 之后，再侦测是否碰到 Paddle 就行了。这里有个简单的实现方法，就是在 Ball 转向后，让脚本程序等待 1 秒钟，再继续下一次的侦测。

请你整理一下你的程序，顺便让球在转向前先播放一下 Water Drop 声音（在“效果”类别内），看看是不是与如图 5.2 所示的一样。

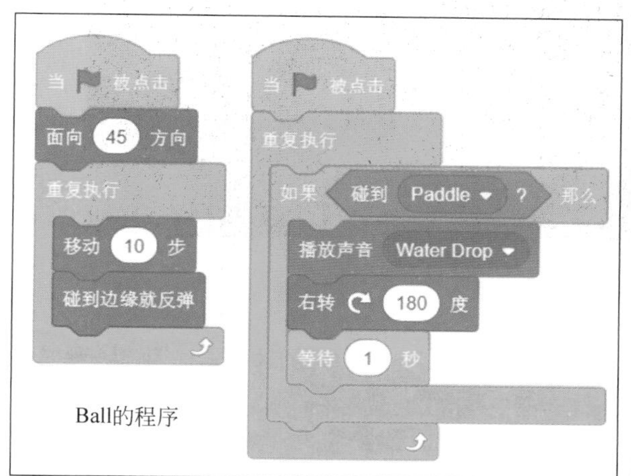

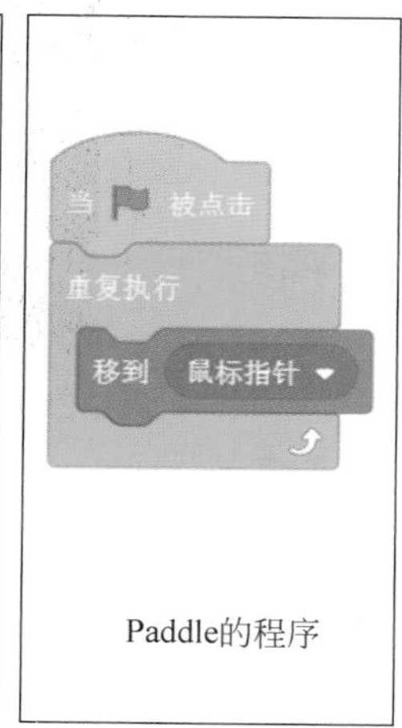

图 5.2　脚本程序 1

5.4　游戏结束

我们希望实现这样的功能：当球碰到舞台下边缘时，游戏结束。可以有不同的方法实现这一功能，下面介绍其中的一种。

单击背景区的图标，再切换到背景面板，选择线段工具⟋，设置填充颜色为与背景、球、挡板都不同的颜色，例如红色，然后增加线段宽度，在背景底边画一条横贯背景的较粗的横线，如图 5.3 所示。

画了线以后，球碰到舞台下边缘的事件就变成球碰到这条红线。虽然这条线不是角色，无法用 5.3 节中侦测角色相碰的积木语句，但由于这条线颜色与游戏中其他颜色不同，可以侦测球是否碰到该颜色。请为 Ball 添加如图 5.4 所示的脚本程序，其中，“碰到颜

图 5.3 在背景底边画线

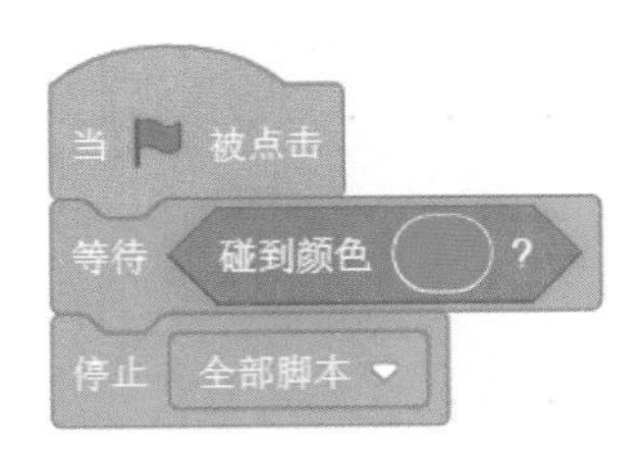

图 5.4 脚本程序 2

色"积木改变颜色参数的方法如下：将该积木语句拖到编程区，然后用鼠标单击参数位置的颜色块，这时会弹出设置颜色、饱和度和亮度的对话框；单击对话框下部的取色图标，会在舞台区出现一个圆形的放大镜，放大镜中间的小方框为取色点；移动放大镜，使得取色点在背景底部的横线上，单击鼠标左键取色即可，如图 5.5 所示；然后按 Esc 键或在编辑区空白处单击，即可让设置颜色的对话框消失，从而完成颜色参数的设定。"等待……"积木会使脚本程序停留在这一语句上，直到等待的情况发生，才执行后面的语句。

请自己玩一下这个游戏吧，是不是很不错？

5.5 游戏得分

为游戏添加得分的概念，为此要增加计分的功能：游戏开始时得分为 0，每用挡板反弹一次球，得分就加 1。

图 5.5　在舞台区取色

为了实现这个功能,需要有一个数来表示当前的游戏得分,这个数会不断变化。我们在程序中为这个变化的数起个名字:score。类似 score 这样,在程序中有特定名称,所表示的数值会变化的对象,称为变量。

在积木区选择“变量”类别,然后单击“建立一个变量”,在弹出对话框中填写变量名,然后单击“确定”按钮,如图 5.6 所示。在“变量”类别的积木区下会自动出现☑ score,同时舞台区左上角出现 score 0 。单击☑ score 前面的复选框,可以控制 score 0 是否显示,也能用鼠标单击并拖动 score 0 到新的显示位置。用“显示变量……”和“隐藏变

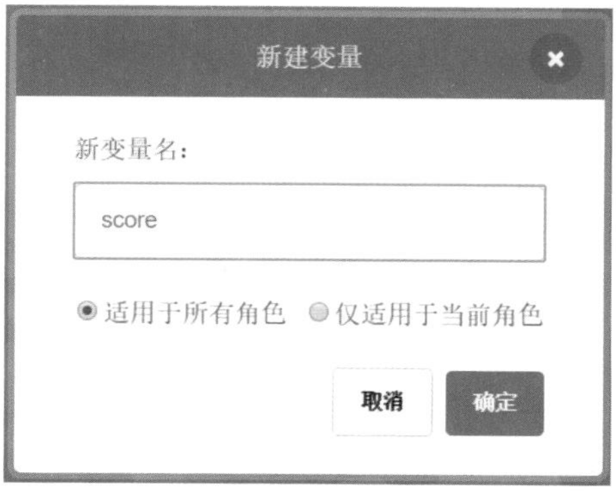

新建变量
新变量名:
score
适用于所有角色　仅适用于当前角色
取消　确定

图 5.6　新建变量

量……”积木也可以控制变量是否显示。

请按图 5.7 修改原先控制球被挡板反弹的脚本程序。其中，将 score 设为 0 保证每次游戏开始时得分为 0，称为变量的初始化，而每次侦测到 Ball 碰到 Paddle，则让 score 增加 1。变量的初始化应该在程序开始时进行，并且只进行一次，而变量值的改变则根据实际需要，可以进行多次。

图 5.7　脚本程序 3

请你玩一下游戏，观察左上角显示的 score 值的变化情况。

5.6　更多游戏效果

动脑动手，尝试实现以下新功能。

(1) 设定球总是从某个特定位置开始游戏。提示：可参考 3.1.4 节，在游戏一开始先将 Ball 移到指定位置。

(2) 球每碰到一次挡板，颜色就改变一次。

(3) 球每碰到一次挡板，速度就快一点儿。提示：可以新建一个变量 speed，表示

Ball 当前的速度。初始化时，速度为 10；每碰到一次挡板，让 speed 增加 1。原先的 移动 10 步 可改为 移动 speed 步，其中，speed 来自于新建 speed 变量后出现的 speed。这一积木语句表明：变量可以代替数值参数来使用。

（4）目前，球碰到挡板后反弹方向是向后转，但球碰到舞台边缘则不同。从我们的经验可以知道，球碰到舞台边缘的反弹方向更符合生活常识。所以请你改变 Ball 碰到 Paddle 后的反弹方向，使它更符合生活中的情况。你可以参考图 5.8 中关于方向的说明。

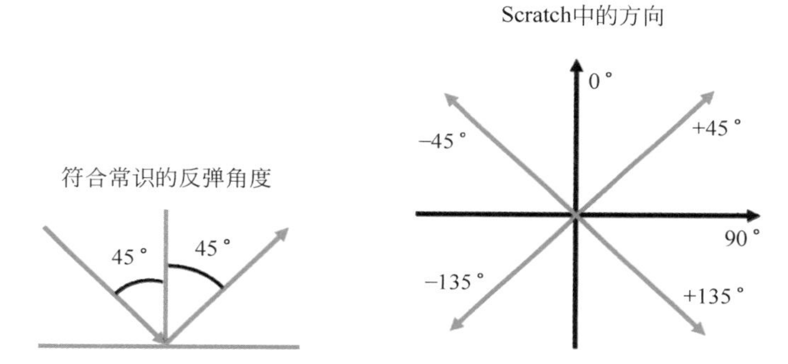

图 5.8　反弹角度与 Scratch 中的方向

在 Scratch 中预先设置了一些变量，例如，在“运动”类积木区中有 x 坐标、y 坐标 和 方向。你可以直接使用 方向 获得角色当前的运动方向。

你可能已经注意到了，在 Scratch 桌面编辑器中，各种积木除了有不同类别的颜色，还有不同类别的形状。我们最常用的积木左右两端是平的，表示该积木是一条可执行的语句；像 当 🏴 被点击 和 当角色被点击 这样顶端是圆弧的积木，表示一段脚本程序的开始；像 按下 空格 键? 和 碰到 Paddle ? 这样左右两端是尖的积木，表示一种判断条件，同类的还有“运算”类别中的 ( ) > ( ) 、( ) < ( ) 和 ( ) = ( ) ，分别表示大于、小于和等于的判断条件；左右两端为圆弧的积木表示某种可计算的结果，例如，各种变量（计算结果就是变量的值）、“运算”类别中加、减、乘、除等多种运算。

对于弹球游戏来说，如果 Ball 初始的方向是 45°，那么不管怎样反弹，Ball 的方向只可能是 45°、135°、−45°、−135°中的一个。假设 Paddle 总是在 Ball 的下方，那么两者相碰时，Ball 的方向只可能是 135°或 −135°，因此只要像图 5.9 那样控制 Ball 碰到 Paddle 后的反弹方向即可。

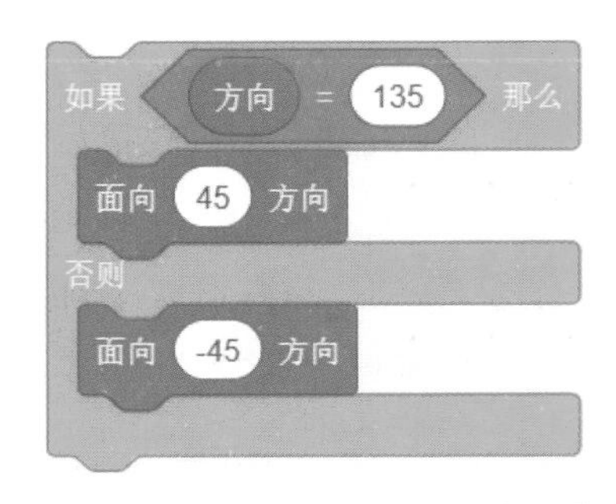

图 5.9 控制 Ball 碰到 Paddle 后的反弹方向

5.7 双人对战

5.7.1 游戏设计

将弹球游戏的方向转 90°，换个背景，增加一个挡板，可以得到如图 5.10 所示的双人对战游戏（提示：改变挡板的方向，就可以让挡板竖起来；改变挡板颜色需要在 Paddle 的造型面板中，选中挡板，然后设置轮廓颜色）。

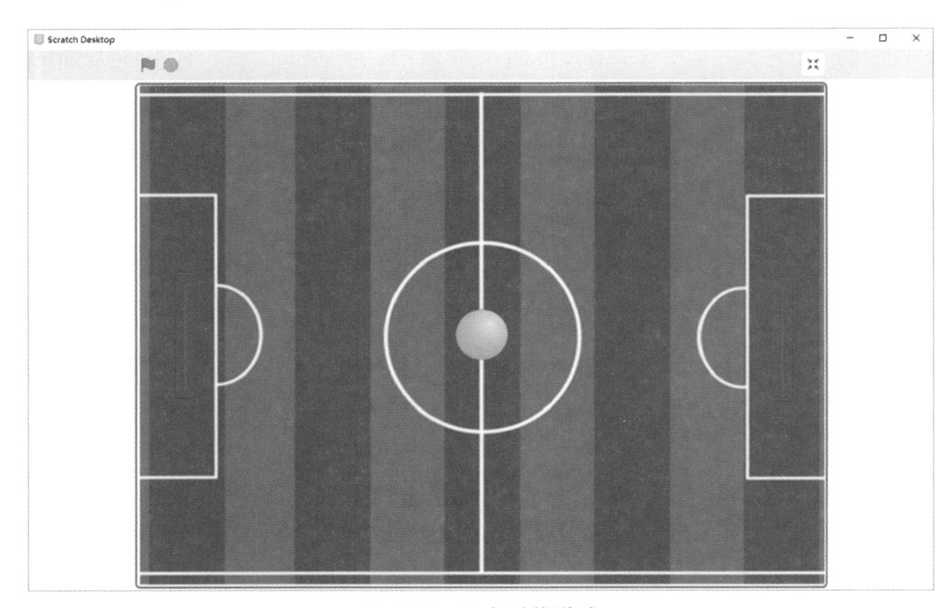

图 5.10 双人对战游戏

一些基本的想法如下。

(1) 左边的挡板用 W、S 键控制上下移动(不允许移出舞台)。

(2) 右边的挡板用上、下键控制上下移动(不允许移出舞台)。

(3) 球碰到上下边界或左右挡板都发生反弹。

(4) 球碰到左右哪边的边界,哪边就输,游戏结束。

(5) 实现一些基础的游戏效果,例如,采用如图 5.10 所示的足球场图片作为舞台背景(提示:导入图片后,转换为矢量图,然后改变球场大小);在背景的脚本中循环播放背景音乐(提示:最好音乐循环播放时听不出停顿切换,声音库中“可循环”类别下的 Dance Chill Out 就不错);当球碰到挡板反弹时播放声音。

对于按键控制挡板移动的功能,请阅读附录 B 的内容作为参考。

5.7.2 判断游戏输赢

5.3 节用侦测是否碰到特定颜色的方法来判断游戏是否应结束,在这个双人对战游戏中,当然也可以用相同的方法。只要在左边界和右边界分别用不同的颜色画线,就可根据碰到的特定颜色,知道是哪一边获胜。如果要保证背景左右完全对称,即左右边界颜色相同,该怎么办呢?可以使用“侦测”类别积木区中的 Paddle ▾ 的 x 坐标 ▾ ,其中,左边的参数可选舞台或某个角色,右边的参数“x 坐标”表示该角色在水平方向上的位置;而“运动”类积木区中的 x 坐标 表示当前角色在水平方向上的位置。如果球的 x 坐标小于左边挡板的 x 坐标,说明球在左边挡板的左侧,即球碰到了左边的边界,右边获胜;否则,球碰到右边的边界,左边获胜。

在判断输赢的基础上,当游戏结束时,最好将输赢结果显示出来。这里提供一种实现的思路:为舞台新建两个背景,分别写上文字表示左边赢和右边赢,如图 5.11 所示,分别为它们命名(例如“左赢”和“右赢”)。当游戏结束时,用“外观”类别中的 换成 左赢 ▾ 背景 积木将背景切换为相应的背景。

请你编程实现这个双人对战的游戏。

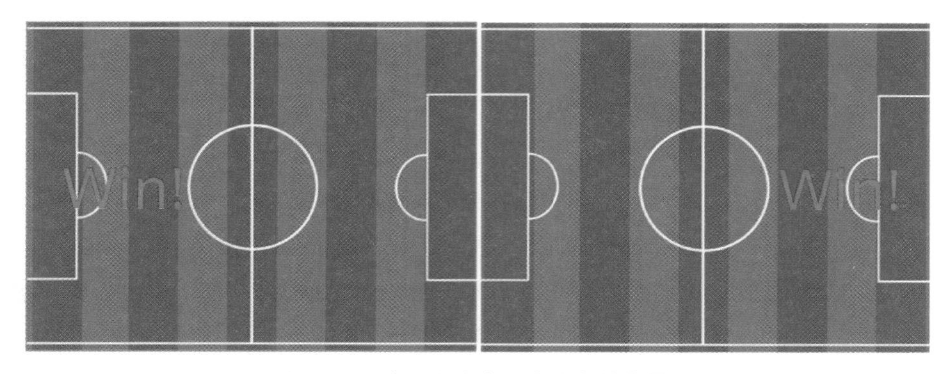

图 5.11 表示左边赢和右边赢的背景

5.8 本章小结

本章从弹球游戏的实现开始，用到了碰到角色和碰到颜色的事件侦测，引入了变量来表示游戏得分。在以后的编程中，会越来越多地用到各类计算，有了变量来代表实际程序运行时具体的值，就能预先设计编写出计算的式子，从而在实际运行时根据当前变量的值进行计算，得到符合当前程序运行情况的结果。我们经常会用变量来计数（例如计分和计时），表示运动的方向和速度。变量是非常重要的编程概念，从使用具体的值到使用变量，可能思维上会有些不习惯，应在后续的编程学习中逐渐体会，练得多了自然就能掌握这种思维方式。

在弹球游戏中，可以为 Ball 这个角色编写多个脚本程序，例如，一个脚本负责设置球初始的位置、移动方向和速度，然后控制球不断移动；一个脚本负责侦测判断游戏是否结束；一个脚本负责侦测球与挡板接触并设置相应的弹球效果。多个脚本分别负责不同的功能，同时运行，又相互配合。将一个复杂的任务分解成多个子任务，并由不同的程序来实现，这是非常重要的编程方法。不同的程序应该分工明确，各司其职，这样才有可能相互配合好。对于球与挡板相碰的侦测与相应处理，如果分工不明确，让球和挡板都来处理，那么球就可能被分别控制着转 180°，结果转了 360°，仍沿原方向移动。不同脚本程序有时需要相互等待来协调彼此的行为。例如，游戏中当球被反弹改变方向后，需要等待一小段时间，让控制球移动的脚本确实将球移动离开挡板之后，再进行与挡板接触的侦测判断。本书后面还将学习通过消息机制来协调不同脚本程序的方法。

5.9 练习：优化双人对战游戏

5.9.1 基础练习：控制球的速度

如果对战的双方都是高手，可能很长时间都无法分出输赢。我们可以让球的速度随着对战的进行变得越来越快，这样就能更快分出输赢了。

如果用一个变量来表示每次移动的步长，那么该变量的值越大即步长越大，移动速度就越快。可以考虑以下几种让步长逐渐增大的方案。

方案一：球每移动若干次（例如 100 次），步长就增加 1。

方案二：球每碰到挡板若干次（例如 30 次），步长就增加 1。

方案三：每隔一定时间（例如 6 秒），步长就增加 1。

请你选择一种控制速度的方案，然后编程实现。

5.9.2 提高练习：控制球的反弹角度

球总是在斜 45°的方向上移动显得很呆板，为了增加趣味性，使得玩家对球的反弹更有操控感，我们增加一个功能：用挡板来控制球的反弹角度，球与挡板的碰撞接触点离挡板中心越远，球反弹时与水平方向的夹角越大。

以左边的挡板为例，如图 5.12 所示。假设挡板长度为 50（挡板的实际长度可以从造型区图标下方看到），则挡板一半长度为 25；挡板的 y 坐标即挡板中心点的 y 坐标，用 yb

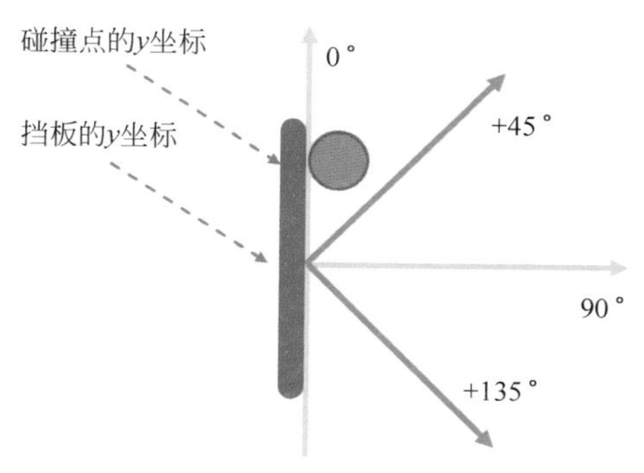

图 5.12 计算反弹方向的示意图

表示；碰撞点的 y 坐标应该等于球的 y 坐标，用 yq 表示。假设球反弹的方向范围为水平方向（即 90°方向）上下各 75°。

（1）当碰撞点正好在挡板中间，即 yq＝yb 时，反弹方向即为水平方向（即 90°）。

（2）当碰撞点正好在挡板最上端，即 yq＝yb＋25 时，反弹方向为水平方向向上偏 75°，即反弹方向为 90°－75°＝15°。

（3）当碰撞点正好在挡板最下端，即 yq＝yb－25 时，反弹方向为水平方向向下偏 75°，即反弹方向为 90°＋75°＝165°。

（4）当碰撞点为挡板其他位置时，反弹方向可以用公式 90－（yq－yb）×75/25 来计算，即反弹方向为（90－（yq－yb）×3）°。

对于右边的挡板可以进行类似的分析。

第 6 章

沙滩赛跑

生活中许多事情都是有规律的，但是在细节上又有变化，而且这种变化显得没有规律。例如，海浪会一波一波地涌向沙滩，但每一波海浪的大小和速度都不一样。规律的生活有益健康，你可以每天早晨按时起床，晚上按时上床睡觉，但你难以做到起床和上床睡觉固定在每天的同一分同一秒上。在许多游戏的设计中，可以充分利用这种细节上的不确定性，使得每次玩游戏都有不一样的体验。本章就来学习怎样在程序中引入这种不确定性。

6.1 准备赛场

开始一个新的 Scratch 程序。从背景库中选取 BeachRio 作为新的背景。

删除小猫角色。以绘制方式新建角色（命名为“终点线”），然后选择画线段的工具，设置轮廓为红色，宽度为 10，在绘图区画一条竖直的红色线段。当以绘制方式新建角色时，默认进入的是矢量图模式，在画线段时可以同时按住键盘上的 Shift 键，保证线段为水平、垂直或斜 45°。调整红色线段的长度，同时在舞台区把它拖放到如图 6.1 所示的位置作为赛跑的终点线。

用同样的方式，再画一条白色竖线作为起点线。你可以复制已经画好的红线角色，然后修改它的造型。进入角色的造型面板，用选择工具 ▶ 选中竖线，然后修改轮廓颜色为白色。最终的赛场如图 6.2 所示。

图 6.1　沙滩与终点线

图 6.2　完成沙滩赛场

6.2　比赛选手

在角色库中选择两个你喜欢的且有奔跑动作的角色作为比赛选手(提示：把鼠标停留在角色库的角色图标上，能够看到不同造型的切换，形成动画的动作)，本书作者选择的是 Hare 和 Rabbit。Hare 角色有 3 个造型，为了只保留奔跑的动作，删除 hare-a 造型。

类似地，Rabbit 角色有 5 个造型，可删除 rabbit-c、rabbit-d 和 rabbit-e 这 3 个造型。

调整两个角色的大小让它们看起来大小差不多，然后拖放到起点线左侧，如图 6.3 所示。

图 6.3　放置比赛选手

6.3　跑向终点

实现以下脚本程序(图 6.4 是本书作者实现的程序供参考，你可以有不一样的实现方法)。

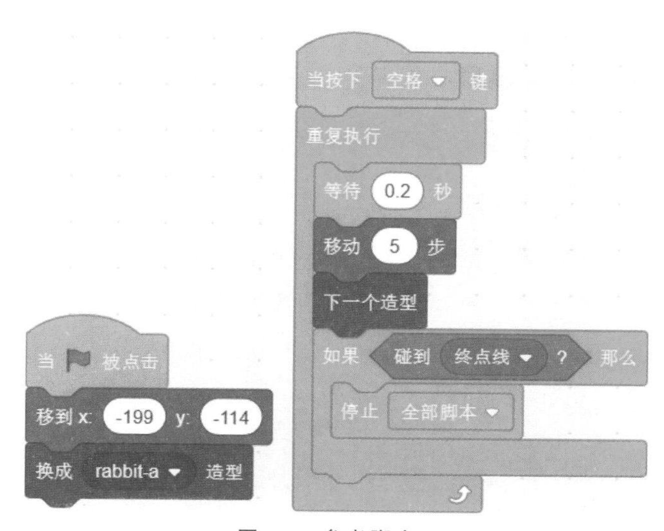

图 6.4　参考脚本 1

（1）当单击🏴时，比赛选手以正确的造型出现在起跑线左侧位置。

（2）按下空格键后，比赛选手不断向右跑（提示：每隔 0.2 秒，移动 5 步，换个造型）。

（3）当某个选手碰到终点时，所有选手停止奔跑。

6.4 随机速度

现在两位比赛选手总是以相同的速度跑向终点，比赛结果总是一样的。我们将利用随机数来实现比赛结果的不确定性。请将脚本程序中的 移动 5 步 改为 移动 在 1 和 10 之间取随机数 步，再多运行几次程序看看效果，是不是比赛结果会有不同？

随机数积木每次执行能够给出某个数值，积木语句的两个参数分别规定了给出的最小值和最大值。如果两个参数都是整数，例如默认的参数 1 和 10，那么随机数积木每次执行可能给出 1，2，3，…，10 这 10 个整数中的某一个，并且给出每个数的可能性都一样大。如果某个参数是小数，那么随机数积木就会给出参数范围内的某个小数。参数也可以是负数。

6.5 胜利欢呼

来点儿挑战——请在前面程序的基础上实现以下功能：当某个选手到达终点时，播放一段欢呼的声音，同时该选手说“我赢了！”，这时所有选手都应该立即停止奔跑。

这个挑战的难点在于：当有选手到达终点时，既要继续运行播放声音的程序，同时又要停止其他选手跑步的程序，因此不能简单地使用图 6.4 中“停止全部脚本”积木了。

一种解决方法是：引入标志变量，即新建一个适用于所有角色的变量，用来表示是否有选手到达终点了。在跑步开始时，初始化这个变量的值为 0，表示没有选手到达终点；当某个选手到达终点时，设置变量的值为 1；所有跑步选手依据变量的值来决定是否奔跑，参考程序如图 6.5 所示。这个变量的值成为一种标志，表示特定的情况，就把这个变量称为“标志变量”。要注意，标志变量的初始化应该只做一次，即图 6.5 最左边脚本中

"将到达终点设为0"只出现在一个比赛选手的脚本程序中，另一个比赛选手的相应脚本程序中没有这一语句；对标志变量的值进行修改，以及根据标志变量的值执行不同的语句，这些脚本对于所有比赛选手都可以是相同的。

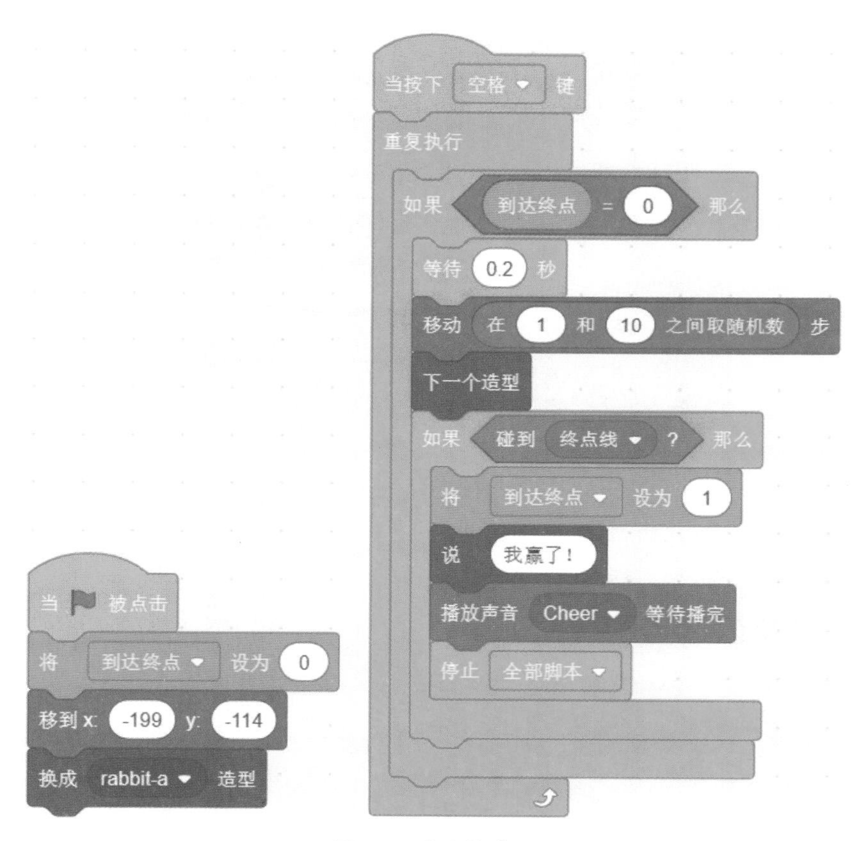

图6.5 参考脚本2

在程序设计思路上更严格一些，可以让标志变量的初始化交给背景或终点线角色的脚本来做——避免某个比赛选手承担这一特殊工作，这样所有比赛选手的脚本逻辑可以完全一样。此外，因为新加了标志变量，如果重新审视程序的控制逻辑，可以把程序精简为如图6.6所示。

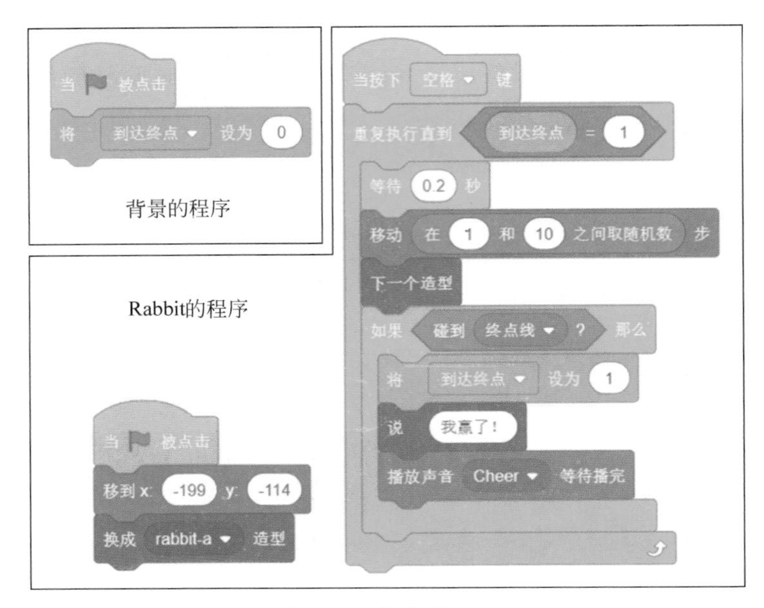

图 6.6　参考脚本 3

6.6　升级弹球游戏

第 5 章中提出了一些弹球游戏的游戏效果，你都实现了吗？下面在此基础上对弹球游戏进行更多的升级改造，使它变得更好玩：舞台上将在随机位置出现一个蝙蝠怪，控制挡板反弹球，击中蝙蝠怪，把它打死。

6.6.1　挡板与球的修改

我们要将挡板的活动范围限制在舞台偏下方的水平线上。请你把挡板的程序修改为：

（1）单击🏴开始时，挡板出现位置为：x 坐标＝0，y 坐标＝－130。

（2）在“重复执行”语句包含的范围内，将“移到鼠标指针”改为“将 x 坐标设为鼠标的 x 坐标”（提示：“鼠标的 x 坐标”是一个变量，在“侦测”类别积木区中）。

请修改球的初始位置，让它一开始出现在挡板上面，去掉颜色变化的效果，去掉用

score变量计分的效果。

6.6.2 增加蝙蝠怪

从角色库中选取Bat作为新角色。

(1) 调整它的大小为与球的大小差不多。

(2) 为Bat编写一个脚本程序,使它不停地飞(提示:重复执行"下一个造型"并在造型切换间等待0.2秒)。

(3) 为Bat再编写一个脚本程序,重复执行以下操作。

① Bat出现在随机的位置上(提示:可使用"移到x:…y:…"语句,其中,x坐标为-200~200的随机数,y坐标为0~140的随机数)。

② 当Bat被球击中时,发出一声惨叫,然后被打死(提示:使用"隐藏"积木)。1秒钟后,Bat再次出现在新的随机位置上(提示:移到随机位置后使用"显示"积木)。

6.6.3 计分与增速

修改计分策略,改为每击中一次蝙蝠怪加1分。别忘了确认一下计分变量的初始化位置与初始化值。

修改控制球速的策略,可改为每击中一次蝙蝠怪速度加1,或者每击中若干次蝙蝠怪速度加1。

6.6.4 更多游戏功能

请你思考并实现以下游戏功能。

(1) 让蝙蝠怪拥有一定的抗攻击能力,被球击中若干次以后才会被打死。每只蝙蝠怪的抗攻击能力可以不同,用随机数来确定。

(2) 让玩家有多次游戏机会,即俗称的多条"命"。球掉落舞台下面后,只要还有"命",就自动回到挡板上面继续运动,计分、速度都不变,剩余的"命"数量减1。

(3) 当游戏得分或球的速度提升到不同等级时,显示不同的背景和怪物(提示:你需要设计如何确定游戏等级的算法,设计不同的背景和不同的怪物)。

6.7 本章小结

本章综合应用了之前所学的内容，并且使用了随机数。随机数引入了不确定性，但仍是在一定范围内可控的。通过有控制地使用随机数，让我们的程序产生运行时的某种变化。Scratch 是如何生成随机数的呢？其实随机数也是通过特定的计算方法算出来的，从这个意义上来说，随机数并不是真正的不可预测的随机。在某些程序设计语言中，可以设置一个称为“随机数种子”的参数，相同的随机数种子会计算得到相同的随机数。

本章还使用了标志变量，这是变量的一种非常典型的用法。标志变量就像路口的信号灯，标志变量的不同取值（可以有两类或更多类不同的取值）表示不同的意义，程序中的相关角色时刻关注标志变量的值，根据当前标志变量的值来决定各自的行为。正因为标志变量具有指挥全局的作用，对它的控制修改不能胡乱进行。或者某个角色负责标志变量的所有修改，或者不同的修改动作交由不同的角色来做，这两种方法都不容易引起混乱，出现程序问题时容易排查发现。标志变量是协调不同角色行为同步的一种方法，在后面的章节中还会学习别的方法。

一些程序运行起来效果体验很好，其实背后的原理并不复杂深奥。我们已经学习使用过的不同的 Scratch 积木语句虽然数量不是很多，但它们组合在一起已经可以实现非常多的功能。许多好玩的复杂游戏，也是由一个个简单功能有机地组合在一起实现的。编程创造的一大乐趣，就是可以逐步地提升和完善已有成果，一砖一瓦地将小平房扩建成大高楼。

6.8 练习：游戏中的计时

（1）请阅读附录 C，总结重复语句与标志变量配合使用的方法与经验。

（2）在本章打蝙蝠怪的游戏基础上，添加以下效果。

① 单击🏁开始后，舞台上显示倒计数 3、2、1，再开始游戏。

② 游戏结束时，在舞台上显示 Game Over 字样，同时播放某个声音。

参考思路：

① 可以添加一个新角色，该角色有4个造型，分别是Glow-3、Glow-2、Glow-1和自己绘制的写有Game Over字样的造型。

② 添加一个标志变量，用于指示球、挡板、蝙蝠怪的行为，例如，当标志变量为1时，球、挡板、蝙蝠怪执行原先的脚本，这需要将原先的脚本放在如图6.7所示的积木块中。

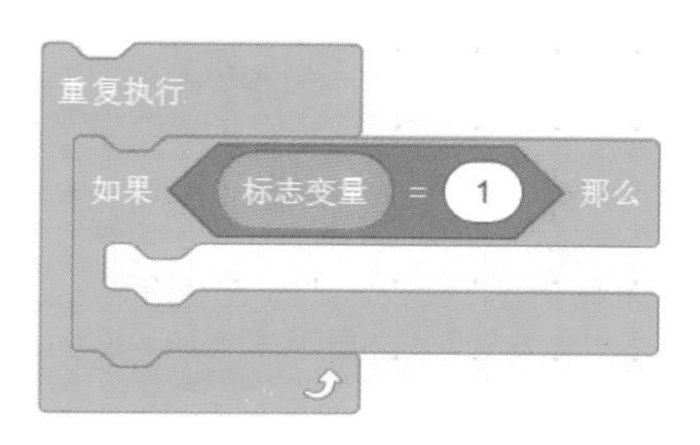

图6.7 参考脚本

③ 当游戏开始时，标志变量设置为0，新角色从Glow-3造型开始，每隔1秒切换一个造型，当累计3秒结束时，将标志变量设置为1，同时将自己隐藏，然后等待标志变量再变为0。

④ 当球碰到舞台下边缘时，设置标志变量为0。这时球、挡板、蝙蝠怪其他的脚本因为标志变量值的变化，将不再执行游戏相关的积木语句，而新角色因为等到了标志变量值变为0，切换造型为Game Over字样并显示出来，同时播放声音。

(3) 尝试实现限时游戏30秒的功能，即如果游戏开始30秒后球还没有碰到舞台下边缘，也会自动结束游戏；同时在舞台上显示剩余游戏时间。

参考思路：这一功能相当于为游戏增加一种结束的可能，所以可以新建一个变量表示时间，初始化为30秒，让背景的脚本控制时间变量不断减少；当时间变量减为零时，设置标志为0，从而通知其他角色停止行动。注意，计时应该在游戏正式开始后再进行。

第 7 章

超级英雄

你听说过“超级玛丽”这款电子游戏吗？你的爸爸妈妈、爷爷奶奶可能听说过或者玩过。在这个游戏中，玩家要控制主角去解救公主，路上如果遇到怪物，可以控制主角跳起并落在怪物脑袋上，从而把怪物踩死，如图 7.1 所示。本章就来完成一个模仿超级玛丽的简化版游戏，我们称它为“超级英雄”。

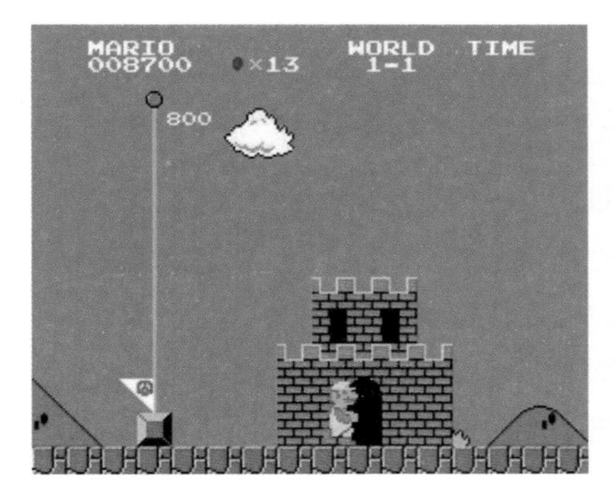

图 7.1　超级玛丽游戏

7.1　绘图模式

在正式开始制作超级英雄游戏之前，我们先来学习一下绘图模式的概念。在前面的章节中，我们已经在背景或造型面板中接触过两种绘图模式：矢量图模式和位图模式。在这两种模式下，绘图区的工具和图标都不一样。以位图模式绘制图像，好像是用笔在纸上画画，每一笔都会在纸上留下画过的痕迹。以矢量图模式绘制图像，好像在玩拼图，每一笔都生成一块新的拼图，可以反复移动和组合各块拼图。

7.1.1　体验位图模式

请你以绘制方式新建一个角色，这时 Scratch 桌面编辑器自动切换到新角色的造型面板，从绘图区的 转换为位图 以及工具图标可知，现在的模式是矢量图模式。单击 转换为位图 进入位图模式。

选择矩形工具，将填充颜色设置为红色，确认填充颜色右边的绘制模式为“实心”，在绘图区画出一个矩形（提示：按住 Shift 键拖动鼠标，可以画出正方形）；再选择画圆工具，将填充颜色设置为蓝色，确认填充颜色右边的绘制模式为“实心”，在绘图区画出一个圆（提示：按住 Shift 键拖动鼠标，可以画出正圆而不是椭圆），与之前的红色矩形形成部分重叠，如图 7.2 所示。选择工具，在绘图区按住鼠标并拖动，松手后形成一个选中区域，然后选中该区域并拖动。可以尝试不同的选中区域，你会发现虽然之前是以矩形和圆形为单元画的图形，但画好的图形已经丢失了原来的形状信息，红色和蓝色已经完全地结合在一起。

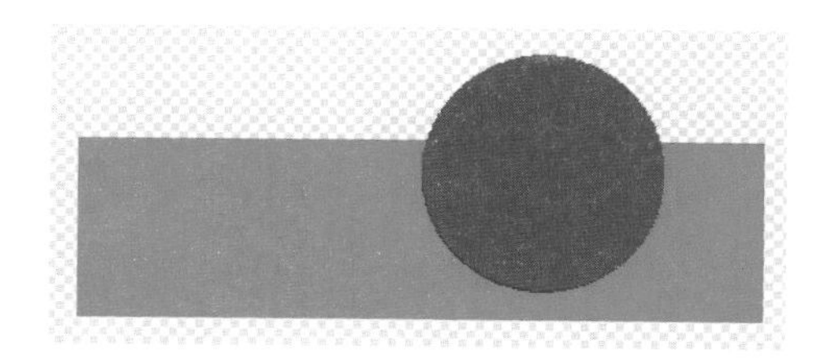

图 7.2　红色矩形与蓝色圆形

7.1.2　体验矢量图模式

为当前角色以绘制方式新建一个造型，默认进入矢量图模式。选择矩形工具，将填充颜色设置为红色，将轮廓宽度设为 0，同样画一个红色矩形；再选择画圆工具，将填充颜色设置为蓝色，将轮廓宽度设为 0，同样画一个蓝色圆形并与红色矩形部分重叠。选择工具，尝试单击矩形和圆形，尝试在绘图区单击鼠标并拖动出一个选中区域，你会发现矩形和圆形仍然保持各自形状的独立性和完整性。不管是矩形还是圆形，你只能整体地选中它们（同时选中两者也可以），你能任意地拖动某个图形到新的位置而不影响另一个图形。

7.1.3 绘图模式比较

不管是位图模式还是矢量图模式，如果选中了一个区域或图形，可以拖动边线上或角上的小方块来拉伸或压缩（鼠标指针会变成白色两端箭头的形状），还可以拖动⚓来旋转图像（鼠标指针会变成手形）。请你在位图模式中选中圆的一小部分边缘，然后把整个选中区域不断放大（或者直接单击右下角的🔍观察圆的边缘），可以看到边缘放大后有明显的锯齿；在矢量图模式下，同样观察圆的边缘在不断放大情况下是怎样的，是不是一直保持平滑？

从原理上来说，位图模式就是用屏幕上一个一个的小点涂色来展示图像的内容，哪些点组成哪个图形，只是我们人眼看到后概括得到的结论（因为人眼看不清点的细节，只留下整体印象），其实这些点与点之间没有任何关系。屏幕上所有点的位置其实是一个方阵，那些组成圆的边缘的点，它们的排列并不是真正的圆弧，如果我们通过放大镜能直接看清屏幕上每一个小点的话，就能发现其实圆的边缘这些点并没有组成光滑的曲线。在位图模式下，我们在屏幕上放大图像，仅仅是模拟了放大镜的效果，实际上是用更多的小点来展示放大镜下观察一个小点所看到的情形，所以图像被放大到能够看清细节时，当然就呈锯齿状了。

矢量图模式是基于形状的，每个形状有一些关键的点，形状还记录了点和点之间是如何连接的，在显示的时候计算机通过计算来确定当前屏幕上每个小点应该涂什么颜色。因此不管放大还是缩小图像，圆的边缘上点的颜色都是计算出来的。当你放大图像时，实际屏幕上小点的位置方阵并没有变化，但有更多的点参与显示放大后的边缘，这些点的颜色都根据形状的信息计算得到，所以你用肉眼看总觉得是光滑的。

请你自己根据上面的操作结果，体会和总结位图模式与矢量图模式的相同点和不同点。

7.2 绘制背景

下面正式开始编写超级英雄的 Scratch 游戏。

新建项目，在背景库中选择 BlueSky 作为背景，切换到背景面板，这时是矢量图模式。

选择▶工具，在绘图区上移动，可以看到一个个形状轮廓，表明 BlueSky 背景实际上是由多个形状重叠组合而成。我们也将采用这种方式，进一步在背景上添加白云、红日和一座城堡。

7.2.1　白云与红日

选择画圆工具○，将填充颜色设置为白色，将轮廓宽度设为 0，画一个横向的椭圆。然后再画一个小一些的白色椭圆，将两者拼成白云的形状，如图 7.3 所示。用同样方法再画一朵白云，放在背景上的适当位置，如图 7.4 所示。

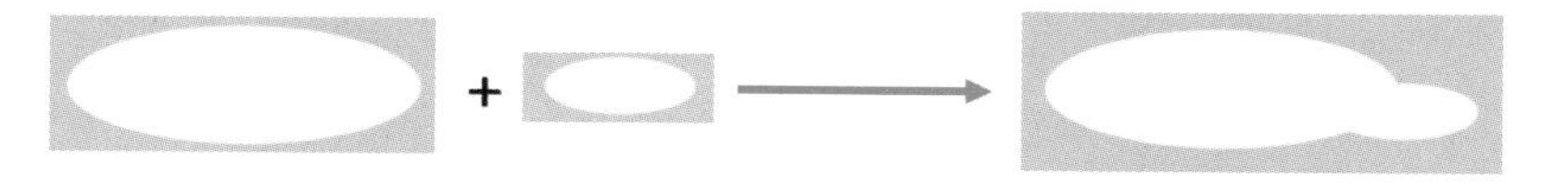

图 7.3　绘制白云

图 7.4　在背景上绘制白云

选择画圆工具○，将填充颜色设置为红色，将轮廓颜色设置为黄色，轮廓宽度设为 8，按住 Shift 键来绘制一个圆作为太阳，放到如图 7.5 所示位置。

7.2.2　城堡

下面我们要绘制一个城堡。依次画一个棕色矩形、一个黑色矩形、一个黑色圆形，调

图 7.5 在背景上绘制太阳

整它们的大小和位置，组合成一层城堡，如图 7.6 所示。组合的时候，如果图形遮挡关系不对，可以试着用绘图区上方的往前放、往后放、放最前面这几个工具来调整（可以想象每个图形都分别画在一张透明纸上，通过调整纸张的前后顺序，实现不同的图形遮挡效果）。

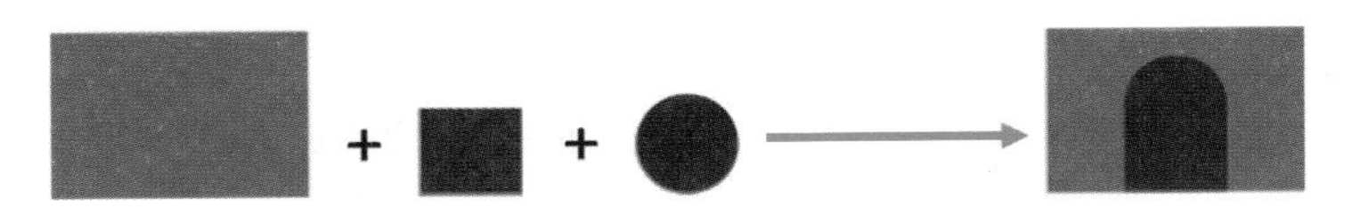

图 7.6 绘制一层城堡

选择工具，按住 Shift 键，依次单击组合成一层城堡的三个图形（即同时选中这三个图形），然后单击绘图区上方的组合图标，把它们真正地组合在一起，当作一个图形来对待。然后依次单击复制和粘贴，可以看到绘图区多了整个一层城堡，改变它的大小，形成较小一些的城堡第二层。再次单击粘贴，调整新出现的一层城堡大小，形成城堡的顶层。如图 7.7 所示，将三层城堡拼在适当的位置（提示：可以用 Shift 键同时选中三层城堡，同时进行放大缩小和移动；可以直接在舞台区观察效果）。

从角色库选择 GreenFlag 作为一个新角色，在造型面板的绘图区中选中它的图像，单击复制，然后切换到背景面板，单击粘贴把绿旗复制过来。调整绿旗的大小，把它插在城堡上，如图 7.8 所示。

完成背景绘制后，可以将空白背景、GreenFlag 角色删除。

图 7.7　在背景上绘制三层城堡

图 7.8　完成背景绘制

7.3　英雄角色

英雄就让小猫来做吧。我们想模仿超级玛丽，实现跳起和落下的功能，如果落在怪物头上，就把怪物压死。

7.3.1　造型与大小

我们至少需要 3 个造型，一个是原地站立的，一个是跳起的，一个是落下的。第一个小猫造型 cat-a 可以作为原地站立的造型，单击小猫的造型区（注意：不是角色区）下方的 ，从造型库中选取 CatFlying-a 和 CatFlying-b 作为新的造型，同时把 cat-b 删除。

设置小猫角色的大小，让 cat-a 造型时小猫的高度比城堡第一层的门洞低一些即可，然后把小猫放到舞台区左下角的地上，如图 7.9 所示。

图 7.9 小猫的大小与位置

在小猫的造型面板中，单击左侧的 CatFlying-b 造型图标，将舞台上的造型切换成这一造型。选择 工具，在绘图区画一个框，将造型都包含在内（即选择整个造型，按 Ctrl+A 组合键也可以达到目标）。拖动选中框下面的 ，使小猫造型旋转为向上跳跃的样子，然后把整个造型略微往上方移动一些，使得在舞台区中看起来，小猫的脚与刚才 cat-a 造型时脚的位置高度差不多，如图 7.10 所示。

图 7.10 旋转并调整造型的位置高度

切换到小猫的 CatFlying-a 造型，也让整体造型略往上方移动一些，感觉上如果让这个造型旋转 90°，小猫的脚能差不多碰到地。

7.3.2　跳起与落下

请为小猫实现按空格键就跳起，然后落下的功能，具体如下。

(1) 当按下空格键后，小猫以 CatFlying-b 的造型，在 1 秒内跳起一定高度(提示：可以用 在 ( ) 秒内滑行到x ( ) y ( ) 积木，其中，x 坐标值就用当前小猫的 x 坐标值不变，减小 y 坐标值，使得跳起的高度比第一层城堡高一些)。

(2) 当小猫达到最高位置后，切换成 CatFlying-a 造型，在 1 秒内落回原先坐标位置，然后切换回 cat-a 造型。

(3) 在小猫起跳时，播放声音 Jump(提示：注意“播放声音……”积木的位置)。

(4) 为了确保小猫的起始状态，当单击开始时，设置造型为 cat-a，并且移动到正确的坐标位置。

7.4　怪物角色

新建一个角色，从造型库中选择你想遇到的各种怪物的造型。本书作者选择了 GigaWalk1、Dinosaur4-c、Ghost-b、Tera-b 和 Nano-a。

改变角色大小，并移动到通往城堡第一层洞口的路上。切换不同的造型，调整整个造型的大小和位置，使得各个不同造型的大小差不多，并且位置也差不多。有些怪物造型脸的朝向是往右的，可以选中造型整体后，用绘图区上方的功能使图像左右翻转。

为怪物实现以下功能。

(1) 单击后开始。

(2) 怪物以随机的一个造型出现在城堡第一层的洞口(提示：换成 ( ) 造型 的参数可以是造型的编号，所以能够将 在 ( ) 和 ( ) 之间取随机数 放在参数的位置)。

(3) 怪物不断向舞台左边移动。

(4) 当怪物移到舞台左边尽头时(提示：可以用 x坐标 < -240 来判断，想一想为什么?)，重复上述步骤(2)和(3)。

7.5 压死怪物

请你实现以下游戏功能：怪物不断向左边移动，如果撞到小猫，游戏结束；小猫可以跳起来躲开怪物；如果小猫落下时压在怪物头上，则把怪物压死，城堡洞口出现下一只怪物。

被怪物碰到和压死怪物，都是两个角色的接触，如何区分呢？这里有如下两个思路。

思路一：根据角色接触时小猫的坐标位置来判断。如果这时小猫的 y 坐标大于某个值，表明小猫在较高位置，判断为压死怪物，否则小猫在较低位置，判断为被怪物撞到。

思路二：根据角色接触时小猫的造型来判断。如果这时小猫造型为 CatFlying-a，表明小猫在下降过程中，认为是小猫压死怪物，否则是被怪物撞到。

请你思考这两种思路各自的合理性和局限性。将两种思路结合在一起才是较好的判断方法，可以用 与 积木表示两个条件要同时满足。

请试一试你完成的游戏，效果如何？如果小猫总是无法躲开怪物（不是被怪物撞到，就是压死怪物），说明怪物移动的速度太慢，或者小猫跳起落下的时间太短，你可以修改有关的参数。

7.6 完善游戏功能

请你尝试添加以下功能，丰富完善游戏功能，提升游戏体验。

（1）添加背景音乐。选择你喜欢的声音（建议在“可循环”类别中选择），在背景的脚本程序中不断重复播放。

（2）当游戏结束后，再按空格键，小猫不会跳起。

（3）每次新出现的怪物以一个随机大小的速度匀速向左移动。

（4）当小猫压死怪物时，添加声音效果。

（5）当小猫被怪物碰到时，添加声音效果，显示游戏结束。

（6）添加游戏计分功能。小猫每压死一个怪物得 2 分，怪物跑到舞台左边减 1 分，但得分不会小于 0。

（7）让小猫跳起和落下更符合生活实际，即当小猫跳起时，向上的速度会越来越慢直至为零；当小猫落下时，向下的速度从零开始会越来越快。

7.7 本章小结

本章通过实践体验了位图模式和矢量图模式的差别。在矢量图模式中，利用简单图形的组合，能够绘制出一些复杂的图形。将若干图形组合在一起，能够作为一个整体进行放大、缩小、旋转、复制等操作。多做一些绘制图形的练习，自然会掌握一些技巧，积累一定的经验。本章还尝试了将造型库中的造型引入背景，将不同造型导入同一个角色。对已有的造型进行小小的改造，可以满足更多的编程设计要求。这方面需要你有更多的创新想法。

不同的背景和角色不同的造型，既可以通过名称来使用，也可以通过编号来使用。将对象编号，其实是计算机解决问题的一个非常重要的方法。不同对象本身都是独立的，只是在集合意义上有一定联系（属于某个公共的集合大家庭），而有了编号之后，不仅比通过对象名称来使用对象更加方便，而且编号对应了某种顺序，能够基于这一顺序参与一定的计算。将本来不可计算的对象变成可计算的，这是用计算机来解决实际问题的关键一步。

判断怪物是否移到了舞台左边尽头，判断小猫被怪物撞到还是压死怪物，都可以通过计算来确定，可见数学多么有用。在后续章节中，我们会更多地利用数学计算来判断游戏情况，控制游戏元素。

7.8 练习：星际旅行

请按照下面的说明，实现星际旅行的 Scratch 小游戏。

（1）实现一个会动的游戏背景效果。

① 将背景填充成全黑的颜色（提示：画一个全黑的矩形占满舞台即可）。

② 删除小猫，导入本章素材 Galaxy.png 作为一个角色，该图片的主体是宇宙中的星云。

③ 用黑色将星云周边的一些白点涂掉，使得看起来星云角色能够很好地融入背景之中。

④ 为星云角色实现以下功能。

- 让角色出现在舞台顶端，角色的 x 坐标随机确定。
- 随机设定角色的大小，建议范围为 100～160。
- 随机设定角色的方向。
- 让角色一边旋转一边向下移动，建议每次旋转 0.3°，同时 y 坐标减 2。
- 当角色（几乎）消失在舞台下方时，重复上述步骤①～④。

（2）实现游戏的主角——火箭。

① 从角色库中选择 Rocketship，只需用造型 rocketship-e 即可。

② 实现用上下左右键控制火箭相应移动的功能，建议每次按键使火箭移动 10 步（提示：请阅读附录 B）。

③ 游戏开始时为火箭设置一个处于舞台中下部的位置。

（3）实现障碍物——星球。

① 从角色库中选择 Planet2。

② 为星球实现与星云类似的功能。

- 随机出现在舞台顶端，大小随机（建议 40～100），方向随机，颜色随机。
- 以随机的速度不断下移，同时以随机的速度不断转动。
- 当（几乎）消失在舞台下方时，重复上述步骤①～②。

③ 当星球碰到火箭时，游戏结束。

（4）增加游戏效果。

① 复制多个星球，增加难度。

② 为游戏配一个梦幻的背景音乐。

③ 实现游戏计分，以火箭的存活时间来计算得分。

④ 允许火箭被碰撞多次。

第8章

捉 迷 藏

第7章中我们在矢量图模式下绘制背景，需要组合不同的图形，通过不同图形之间的重叠覆盖得到想要的图像效果。对于不同的角色来说，它们显示在舞台上也同样有重叠覆盖的问题。本章要实现的捉迷藏游戏就需要根据游戏要求，调整各个角色的层次关系，实现所需的视觉效果。

8.1 游戏设计

动物们要在森林里开一场森林音乐会。大家选好了一片空地，把乐器都搬来摆放好。小猴真爱玩，借着这些乐器和你玩起了捉迷藏。

我们的游戏设计是这样的：

(1) 游戏一开始，小猴是藏着的，看不见。

(2) 过一会儿，小猴会随机出现在一件乐器后面，只露出部分身体。

(3) 这时用鼠标单击小猴露在外面的任意身体部位，就算抓住它了。

(4) 小猴被抓到后会再次藏起来，重复步骤(2)。

(5) 如果小猴没有被抓到，过一会儿又会藏起来，重复步骤(2)。

8.2 准备场景

创建新作品，在背景库中选择 Forest 作为背景。

从角色库中选择 DrumsTabla 为新角色，删除 Tabla-b 造型。从角色库中选择 Speaker 为新角色。从角色库中选择 Guitar 为新角色，删除 guitar-b 造型，然后从造型库中选择 Rocks 造型，将 guitar-a 和 Rocks 组合成一个新造型，如图 8.1 所示（提示：把 guitar-a 造型和 Rocks 造型都整体组合起来，复制 Rocks 造型粘贴到 guitar-a 造型的绘图区内，调整一下大小，并将 guitar-a 造型放在最前面）。

图 8.1 组合 guitar-a 和 Rocks 为新造型

把这三个角色分别放在舞台的不同位置，如图 8.2 所示。

图 8.2 场景布置

8.3 随机确定小猴位置

8.3.1 随机选择乐器

删除小猫，从角色库中选择 Monkey 为新角色，调整它的大小并移到各个乐器那里比一比，让小猴确实有可能被乐器角色挡住，但又不比乐器角色小太多(小猴的大小设置为 50 左右差不多)。

为了实现让小猴随机藏在某一件乐器后面的效果，我们使用随机数。分别给三件乐器编号，例如，1 代表音箱、2 代表鼓、3 代表吉他和石头，这样就可以把随机挑选一件乐器的任务，转换为在 1、2、3 之间随机选取一个数了。我们只需用一个变量来保存这个生成的随机数，然后根据变量的值来实现相应的躲藏效果。可见，这个变量也是一种标志变量。

8.3.2　随机露出部分身体

怎么让小猴随机地露出部分身体，被人看到呢？我们的办法是：让小猴的位置比乐器角色高一些，即把位置上移一些，然后让小猴往左或往右移动一小段距离，上移和左右移动多少都可以用随机数来决定。

请看图 8.3 的示意图，我们将小猴和乐器的形状简化成两个椭圆，假设小猴宽 80、高 120，乐器宽 140、高 200，即乐器能够完全挡住小猴。

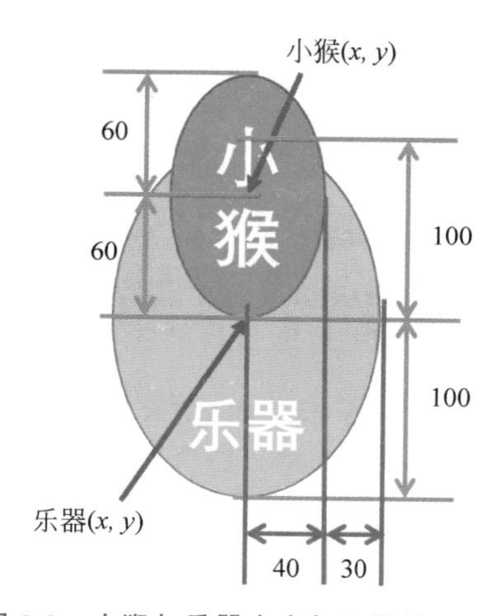

图 8.3　小猴与乐器大小与位置的示意图

先考虑小猴上移的距离，即先假设小猴的 x 坐标与乐器的 x 坐标相等，考虑小猴上移多少合适。如果小猴的 y 坐标与乐器的 y 坐标相等，则小猴无法露出身体。小猴如果要露出一半身高的话，上移为 100，即乐器高度的一半；小猴刚好露出头顶的话，上移距离可减少身高的一半，即上移 100－60＝40。为了给鼠标单击留些余地，例如，让小猴比刚好露出头顶再多 20，可以将小猴的上移距离设置为 60～100。

类似地考虑小猴右移距离。小猴露出一半身体的话，应右移乐器宽度的一半，即 70；刚好露出身体时，右移是 70－40＝30。由于考虑上移时已经给鼠标单击留了余地，右移的距离范围为 30～70 即可。左移与右移是对称的，因此左移距离也是 30～70。

为了应用上面的分析结果，我们查看小猴造型的大小。在小猴的造型面板左侧图标中可以看到，小猴宽度是 125，高度是 175。如果小猴现在的大小是 50，则显示在舞台上的宽度和高度应该各为一半，保留整数的话可认为是宽度 63，高度 88。再查看音箱的大小，宽度为 85，高度为 113。请注意，音箱的造型中心并不是图形的中心，不过我们没必要调整音箱的造型中心，只需要在舞台区大概地将小猴角色拖放到音箱的中心位置，以积木区 移到 x: y: 中的参数为基准即可。以这一坐标为基准，上移距离可为 33～57，左右移距离可为 9～43。当然，左移还是右移，同样可以用随机数来决定。脚本程序可以参考图 8.4（在本书作者的程序中坐标基准为（－161，－100））。

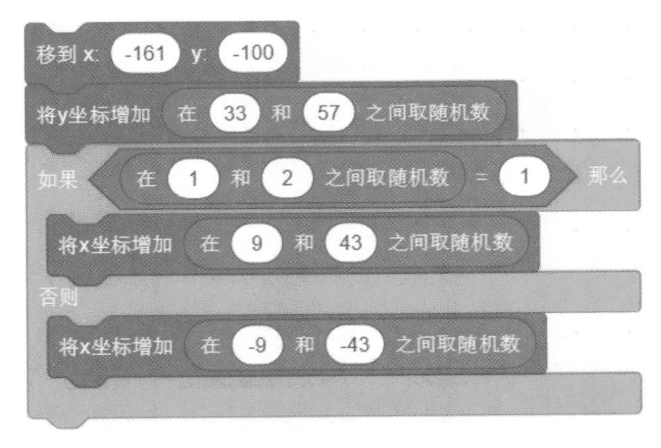

图 8.4　参考脚本

对于鼓来说，将小猴拖放到左侧较大鼓的中心即可。但你需要估算一下鼓的宽度，或者在造型面板的绘图区把右侧小鼓删除，查看剩下部分的宽度和高度（结果是宽度 75，高度 93），然后再用撤销删除，恢复小鼓。

对于吉他和石头来说，由于形状扁平且不规则，估算遮挡小猴部分的高度和宽度即可，不必强求小猴左移或右移能够露出到石头外面。

8.4 实现躲藏效果

前面虽然利用随机数功能实现了小猴随机藏在某件乐器后，随机露出部分身体，但实际舞台上显示的是小猴在乐器的前面，部分身体挡住了乐器。我们需要让乐器挡在小猴前面，可以采用第 7 章绘制造型时同样的方法，设定不同角色显示的层次关系。只需要让小猴在单击开始后，执行移到最 后面，就能保证其他角色都能挡住小猴了。当小猴完全藏在乐器后面时，由于这时小猴是不可见的，所以不管你真的把小猴放到乐器后面，还是让小猴隐藏起来都可以。

最后还要实现躲藏的时间控制，当然仍然可以用随机数的功能。不过，如果不希望小猴总是在整数秒出现，可以让在 和 之间取随机数的参数是小数。

哪些参数会影响这个捉迷藏游戏的难度呢？显然，小猴露出的身体部分大小很重要。我们前面的位置计算考虑的只是简化的情况，你可以实际运行程序，在已有参数基础上做一些调整。另外，小猴暴露在乐器外的时间越短，越难被捉到，所以可以调整这个暴露时间。

8.5 本章小结

本章内容主要是灵活运用前面已经学过的知识，难点在于如何控制小猴在乐器后面露出部分身体。即使对照着图 8.3，你可能仍然不太理解移动范围是怎么得到的。你可以想象小猴中心原先是与乐器中心重合的，先把小猴的中心移到乐器的边缘，显然移动距离是乐器宽度或高度的一半，这时小猴会有一半身体露在外面；接着把小猴往回移，显然移动小猴宽度或高度的一半时，小猴边缘与乐器边缘重合；这样就得到了移动范围。

我们的方法很重要：先用一个简化的模型来表示要解决的问题，在简化模型下，更容易找到解决方案；然后考虑简化模型与实际问题的细节差别，甚至在实际问题下试用我们找到的解决方案，根据实际情况再调整解决方案的细节，直至能够较好地解决实际问题。

在编程模式下，在舞台区单击或拖动角色，都会让角色出现在舞台最前面（挡住其他角色)。如果有确定的角色间遮挡要求,最好在脚本程序中利用"移到最前面/后面"和"前移/后移……层"积木来设置层次关系,而不要简单地依靠在编程模式下以特定顺序单击不同角色来实现。

8.6 练习:完善捉迷藏游戏

请先参考本章前面的内容,完成捉迷藏游戏,然后完善游戏的以下细节。

(1) 保证小猴不会连续躲藏在同一件乐器后。

(2) 游戏计分:小猴每被抓住一次,就加 1 分。而且当小猴被抓住时,播放一段声音,同时小猴说"啊!"表示确实被抓住了。

(3) 游戏限时:游戏显示 30 秒倒计时,倒计时为 0 时,游戏自动结束。可能会有一个小问题:30 秒倒计时结束时,小猴刚好部分身体暴露在乐器外,这时用鼠标单击小猴仍然会引起加分。请你注意避免这一问题。

第 9 章

时尚换装

我们在前面章节学过了标志变量的使用。通过控制标志变量的值，可以指挥不同的角色统一动作。从角色的角度来说，只需检测标志变量的值，采取相应的动作。但是由于不知道标志变量的值什么时候会改变，所以角色必须不断重复地检测，也就是说，角色的脚本要不断地运行。如果标志变量有多个值，对应了角色多个不同的动作，那么角色的脚本程序会很长，不容易阅读和修改。本章将学习另一种指挥角色的方法，称为消息机制。

9.1 游戏效果说明

创建新作品，从背景库中选择 Theater 2 作为背景。

删除小猫角色，从角色库中选择“时尚”类别下的 Harper 作为新角色。我们只需要用到 harper-a 造型，因此可以把其他造型删掉。将 Harper 的大小设置为 60，拖放到舞台的左边。

从角色库“时尚”类别中选择 Hat1 为新角色，只使用 hat-d 造型，大小设置为 60；再从角色库“时尚”类别中选择 PartyHats 为新角色，只使用 PartyHat-a 造型，大小不变；绘制新角色，在矢量图模式下使用**T**工具写一个红色的 X，调整大小，使它看起来与已有的帽子角色差不多大，将这个新角色命名为 rmHat。

几个角色在舞台上的大小与位置如图 9.1 所示。

我们希望实现以下游戏效果。

(1) 每一顶帽子的初始位置如图 9.1 所示。

(2) 单击某一顶帽子，它会自动移到 Harper 的头上；如果这时 Harper 头上戴着帽子，则戴着的帽子消失并出现在初始位置上。

图 9.1　角色大小与位置

(3) 单击红色 X,如果 Harper 头上有帽子,则帽子消失并出现在初始位置上。

9.2 使用变量

9.2.1 用单个标志变量实现

如何利用标志变量来实现上述效果呢?

如果只用一个标志变量,那么这个变量需要能够指示以下几种不同的情况。

(1) 两顶帽子都在原位。

(2) Hat1 在头上,PartyHats 在原位。

(3) Hat1 在原位,PartyHats 在头上。

因此标志变量的可能值应该有 3 个,例如:

(1) 初始状态时,标志变量值为 0,表示两顶帽子都在原位。

(2) 当单击 Hat1 时,设置标志变量值为 1。

(3) 当单击 PartyHats 时,设置标志变量值为 2。

(4) 当单击 rmHat 时,设置标志变量值为 0。

确定两顶帽子位置的程序逻辑是相似的,以 PartyHats 为例:

```
(1) 当单击🏁时运行脚本
(2) 不断重复
(3)     如果标志变量值为 2
(4)         移动到 Harper 头上
(5)     否则
(6)         回到原位
```

如果游戏中一共有 N 顶帽子的话，显然有“所有帽子在原位”和“某一顶帽子在头上”共 $N+1$ 种情况，因此单个的标志变量有 $N+1$ 个可能的取值。单击任一帽子或者单击 rmHat 需要正确地设置标志变量的值，各顶帽子与各个标志变量值的对应关系不能搞错。

9.2.2 用多个标志变量实现

我们也可以用多个标志变量实现上述效果，例如，用标志变量 flag1 指示 Hat1，用标志变量 flag2 指示 PartyHats。

(1) 初始状态时，所有标志变量值都为 0。

(2) 当单击某顶帽子时，设置相应的标志变量值为 1，设置所有其他标志变量值为 0。

(3) 当单击 rmHat 时，设置所有标志变量值为 0。

每顶帽子确定自己位置的程序很简单，如果相应标志变量值为 0 就在原地，否则就移动到 Harper 头上。

如果游戏中一共有 N 顶帽子，就需要 N 个标志变量，不管是单击帽子还是单击 rmHat，都需要对这 N 个标志变量的值进行设置。如果 N 很大的话，显然编程工作量会很大，而且如果新添加一顶帽子，需要相应添加新的标志变量，同时修改所有帽子的程序。

9.2.3 改进单个标志变量的实现

总结一下前面两种实现方法：对于 N 顶帽子的情况，如果使用单个标志变量，则对每顶帽子的程序要各自考虑互不相同的 N 个值；如果使用多个标志变量，虽然每顶帽子的程序只需要考虑标志变量的值为 0 或非 0，但要处理 N 个标志变量。能否结合两种方法各自的优点，避免各自的烦琐之处呢？

以下是采用单个标志变量的改进方法，需要各顶帽子之间相互配合：

（1）初始状态时，标志变量值为 0，所有帽子都在原位。

（2）当单击 rmHat 时，设置标志变量值为 0。

（3）当单击某顶帽子时，先设置标志变量值为 0，等待所有帽子回到原位，然后设置标志变量值为非 0，再将自己移动到 Harper 头上。

每顶帽子检测标志变量的值并采取行动的程序逻辑是：

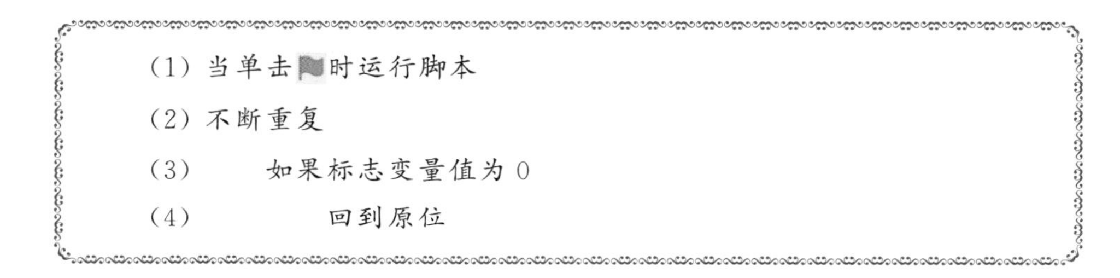

（1）当单击旗时运行脚本

（2）不断重复

（3）　　如果标志变量值为 0

（4）　　　　回到原位

即，当标志变量值为非 0 时，帽子不采取任何行动，保持当前位置。

图 9.2 是改进方法的参考脚本。

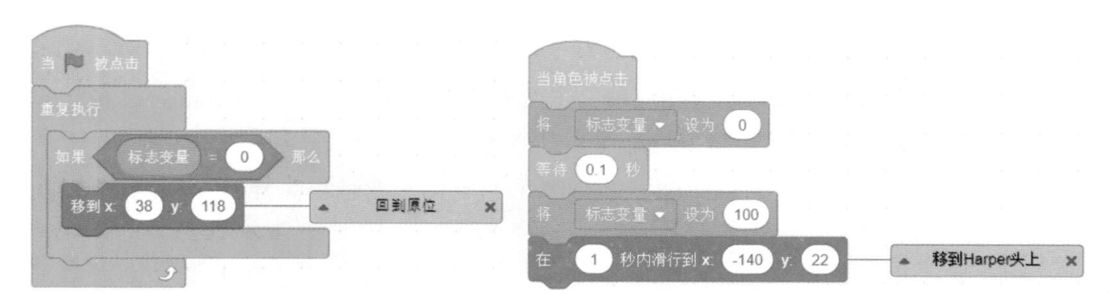

图 9.2　改进的单个标志变量实现方法

换个角度来看这一改进方法，其思路其实把确定帽子位置的任务分成两部分，检测标志变量相关的脚本只负责将帽子移回原位，单击帽子相关的脚本负责把帽子移到 Harper 头上。

9.3　使用消息

在改进后的单个标志变量的方法中，其实标志变量只有一个值对应了角色的动作。我们可以改用“消息”的方法来代替。

(1) 初始状态时，所有帽子都在原位。

(2) 当单击 rmHat 时，使用 广播 消息1（提示：该积木语句在“事件”类别中）。

(3) 对于每顶帽子，当单击时，使用 广播 消息1 并等待，然后再移到 Harper 头上。

(4) 对于每顶帽子，以 当接收到 消息1 开始一段脚本，内容是回到原位。

请你试一下，是否与前面使用标志变量的效果一样？

我们在前面的章节中学习过事件响应，消息是一种自己定义的事件，广播 消息1 和 广播 消息1 并等待 都能够产生一个消息事件，而 当接收到 消息1 则响应消息事件。单击“消息 1”右侧的箭头，然后选择“新消息”，可以新建一个消息（同时为新消息命名）。

广播 消息1 和 广播 消息1 并等待 略有区别。前者产生一个消息事件后，立即执行下一语句；后者产生消息事件后，会等对该消息事件的响应动作完成后，再执行后续的语句。请思考，如何编写程序来验证两者的区别（提示：你可以在响应消息的程序中等待若干秒甚至不断重复执行某些操作，观察比较广播消息后面的语句什么时候被执行）？在这个游戏中，单击帽子之后，需要等所有帽子回到原位了再移动，因此使用 广播 消息1 并等待 更方便；而单击 rmHat 后，使用 广播 消息1 即可。

9.4　更多换装

请你为 Harper 增加更多换装角色。

(1) 从角色库选择 Dress，每个造型都作为一个角色（共 3 个角色），设置大小为 60，然后添加一个名为 rmDress 的红色 X。

(2) 从角色库中选择 Shoes，每个造型都作为一个角色（共 4 个角色），设置大小为 60，然后添加一个名为 rmShoes 的红色 X。

(3) 从角色库中选择 Sunglasses1，选一个你喜欢的造型(只有 1 个角色)，设置大小为 60，然后添加一个名为 rmSunglasses 的红色 X。

可以在背景上画线(提示：在矢量图模式下，更方便调整画线位置)，把不同类的服装分隔开，如图 9.3 所示。

图 9.3　各类服装

请为新添加的连衣裙、鞋子和太阳镜实现换装。不同类别的服装可以同时穿在身上，因此不同类别的服装应该使用不同的消息。如果不同服装之间有相互遮挡但显示的遮挡关系不合理的话，请你想办法调整。

如果你一口气新建了所有的换装角色，又觉得布局时角色相互干扰，可以单击角色区上方的隐藏当前角色；需要角色重新显示出来便于在舞台上布局时，可单击恢复显示。这种方法比单击积木区中的“隐藏”和“显示”积木语句更方便。

9.5　本章小结

标志变量的作用是让角色根据不同的值采取不同的动作，如果只是为了通知角色采取单个动作的话，用消息更加方便。对于角色来说，使用标志变量是主动询问的方式，需要不断重复检测标志变量的值，使用消息则是被动触发的方式，当消息发生时，由 Scratch 环境负责执行相应的消息响应脚本。消息响应的脚本通常能够一次执行完毕，再有消息的话，再次响应并执行。

消息经常用于角色之间进行协调同步。当某个角色完成一项任务,需要另一个或一些角色接着做其他工作时,就通过广播消息来通知别的角色。“广播消息并等待”的语句还能方便地实现等其他角色完成任务后,原角色继续执行的功能,相当于是其他角色完成任务后又发了一个消息,然后原角色响应。

每一个消息响应都是一段相对独立的脚本,因此添加、修改消息响应都比较方便,不会大面积影响别的脚本。有时角色的脚本有较多不同的情况要处理,或者任务的执行有多个阶段,如果用多个消息来代替标志变量的不同值,角色就可以自己广播消息,自己来响应,将一个大段的脚本分解为多段小的脚本,从而便于分别实现,也便于程序调试。

Windows 操作系统也使用消息机制,但比 Scratch 要复杂得多。Windows 系统中的消息还带有参数,可传递更多的信息。在 Scratch 中,需要结合使用消息和变量,才能达到这样的效果。

9.6　练习:电风扇

请你按下面的说明,实现一台有按键控制的电风扇。

(1) 绘制电风扇形象。

① 在背景上绘制电风扇轮廓,如图 9.4 所示,注意绘制时合理地设置填充颜色、轮廓颜色和宽度,合理地设置图形的前后层次。

② 从角色库中选择 Heart 为新角色,修改它的造型,通过复制和旋转,拼成扇叶,如图 9.5 所示,注意造型中心的位置。

图 9.4　绘制电风扇轮廓

图 9.5　绘制扇叶

③ 调整扇叶角色的大小，并把它拖放到舞台上合适的位置，形成电风扇形象。

(2) 绘制按键角色。

① 从角色库中选择 Button2 为新角色，共 4 个，分别在造型上写上数字 0、1、2、3，将按键 0 的中间填充为红色。

② 设置按键的大小，将它们排列在电风扇旁边，如图 9.6 所示，可以通过设置 移到 x ( ) y ( ) 的参数使按键对齐且均匀分布。

图 9.6 电风扇与按键布局

(3) 实现按键控制逻辑。

① 单击 开始后，风扇处于停止状态；按键 0 为红色，按键 1、2、3 为蓝色(造型 1)。

② 单击按键 1、2、3，风扇会顺时针旋转，并且按键 1 对应的转速最低、按键 3 对应的转速最高。

③ 当单击按键 1 时，按键 1 呈现为橙色(造型 2)，同时按键 2 和 3 呈现为蓝色；单击按键 2、3 时，类似。

④ 单击按键 0，风扇停止转动，按键 1、2、3 都呈现为蓝色。

第 10 章

百 虫 来 袭

我们已经会用随机数的功能来实现角色造型、位置、大小、速度等的变化，使得程序运行有可控的不定性，增加游戏乐趣。在第 7 章的练习中，可以通过复制多个星球角色，来增加游戏的难度。如果让每个星球都随机决定自己是显示还是隐藏，那么舞台上同时出现的星球数将是随机的，最多不超过星球角色的个数。如果用相同的方法实现漫天大雪纷纷扬扬飘落的效果，那就需要复制大量雪花角色。由于复制的角色造型、脚本都一样，聪明的程序员希望避免手动复制角色的麻烦，改用程序来实现角色的复制，这就用到了本章要学的方法——克隆。

10.1 发射魔法

10.1.1 编程实现

创建新作品，将背景填充为黑色（提示：切换到背景的位图模式下，然后直接用进行填充即可）。

删除小猫角色，从角色库中选择“人物”类别下的 Wizard 作为新角色。我们只需要用到 wizard-c 造型。将 Wizard 的大小设置为 50，拖放到舞台的左边。

绘制新角色，以明亮的黄色作为轮廓，内部不填充颜色，绘制一个竖着的椭圆表示魔法的光环，注意轮廓要有 10 以上的宽度，如图 10.1 所示。

将魔法光环拖放到 Wizard 指尖附近，设置大小为 1。你会发现光环实际上没法变得那么小，Scratch 桌面编辑器会根据造型的大小自动调整。不过没有关系，只要保证光环缩小后在 Wizard 指尖位置，且尽可能小就行了。如果先改变大小，再试图拖放光环，会不太容易用鼠标选中它，所以你可能需要估计光环缩小后的情况，先拖放到差不多合适

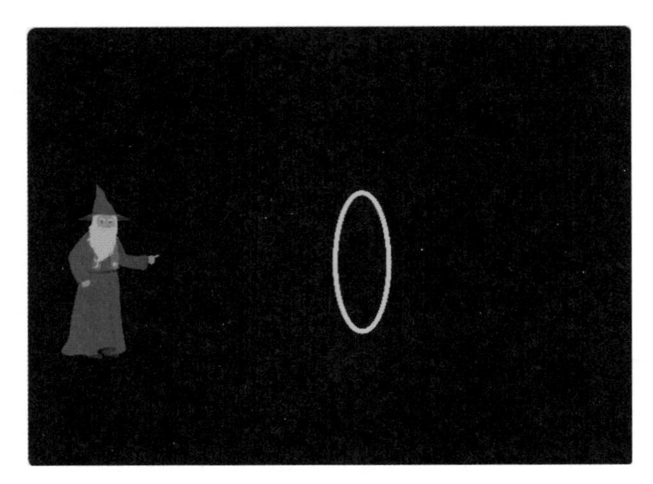

图 10.1 Wizard 角色与魔法光环

的位置，再设置大小。可以通过查看和设置 移到x: ( ) y: ( ) 的参数，来微调光环的位置。

我们想实现这样的效果：当按下空格键时，Wizard 从指尖发出一个魔法光环，光环射向前方的同时不断扩大。因此为魔法光环角色编写如图 10.2 所示的脚本程序。你还

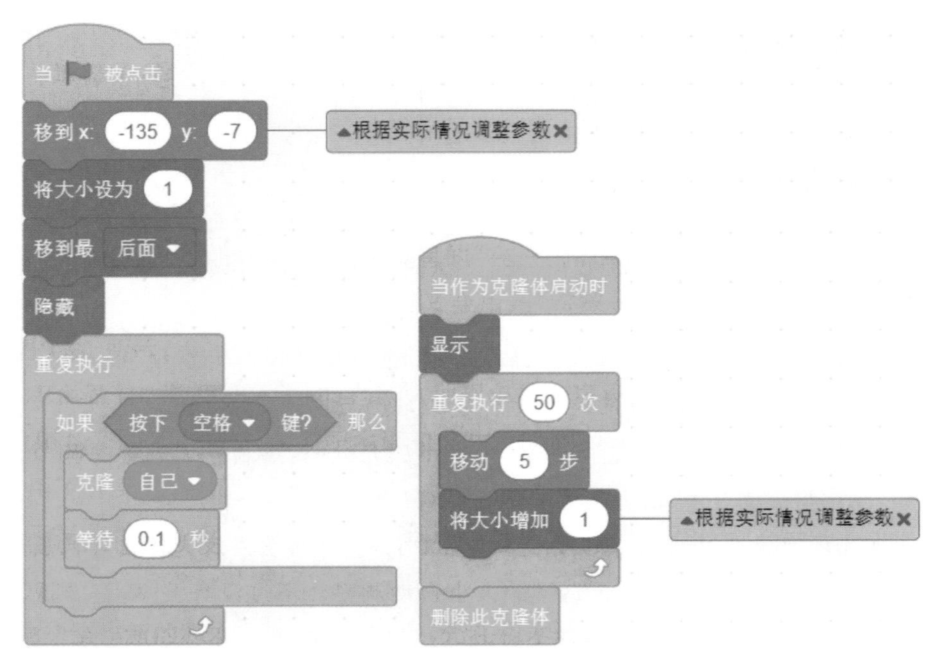

图 10.2 魔法光环的脚本程序

可以添加一个发射魔法的音效(例如声音库中的 Zoop)。请你运行程序,根据实际情况修改相关的参数。

10.1.2　脚本分析

分析一下图 10.2 中的程序。在单击后,魔法光环先完成了一系列初始化工作,包括位置、大小、显示层次及隐藏自身。在我们调试程序的时候,可能会改变角色的大小、位置等参数,程序中的这些初始化工作是要确保魔法光环能够自动回到正确的位置和状态,不需要我们在调试之后手动恢复。初始化工作完成后,光环角色进入一个不断重复执行的积木语句,检测空格键,如果空格键被按下,就“克隆自己”;为了避免一下子出现太多的克隆,等待了 0.1 秒。

当角色执行克隆的语句后,就会在角色的当前位置新生成一个与该角色完全一样的新角色——克隆体,这里“完全一样”包括角色的造型、大小、位置、显隐状态等。当克隆体生成后,它就是一个完整的角色了,原角色的所有脚本同时也是这个克隆体的脚本。当然,由于克隆体是在程序运行过程中生成的,以 当 被点击 开始的脚本不会被克隆体所执行,但其他单击、按键响应、消息响应等的脚本会被克隆体执行。通过 当作为克隆体启动时 可以定义只被克隆体执行的脚本。

在上面的脚本程序中,克隆体被生成后,先是把自己从隐藏状态改为显示状态,然后向右移动,同时不断增大。如果按住空格键,会看到一串魔法光环由小变大向右移动,说明不同的克隆体确实都是从原角色复制而来,因此一开始都很小;各个克隆体有各自的位置和大小,因此不同的克隆体排着队移动,形成三角形状。

克隆体执行完所有的脚本语句后,可以通过 删除此克隆体 把自己删除。对于发射魔法的程序来说,虽然让克隆体隐藏也能达到光环消失的效果,但因为克隆出的光环已经没有其他用途了,因此删除克隆体,把克隆体所占用的资源还给计算机更好。当克隆体被删除后,自然从舞台上消失了。单击,或者执行 停止 全部脚本 ,也会自动删除所有克隆体。

10.2　游戏的基本元素

我们可以开始编写百虫来袭游戏了。

创建新作品，将背景填充为深绿色。

删除小猫角色，从角色库中选择 Ball 作为新角色，将大小设置为 50。编写脚本，当单击 🏴 后，Ball 永远跟随鼠标(提示：还记得在第 5 章的弹球游戏中，让挡板永远跟随鼠标吗?)。

从角色库的“动物”类别中选择 Beetle 作为新角色，设置大小为 30。

百虫来袭游戏的内容是：玩家用鼠标控制 Ball，躲避舞台上的许多 Beetle，这些 Beetle 由计算机随机生成，并且每只 Beetle 生成出来后都会不断向 Ball 移动。

10.3 克隆与控制

10.3.1 实现克隆

先实现克隆的规则，伪代码如下。

```
(1) 当单击🏴后
(2) 把 Beetle 隐藏起来
(3) 将变量 num 初始化为 1
(4) 重复执行
(5)     重复执行 num 次
(6)         克隆自己
(7)     等待 4 秒
(8)     将变量 num 设置为 num×2
```

10.3.2 控制克隆体

对于每一个克隆体，让它随机从舞台的某一边出现，共有以下 4 种情况。

情况 1：舞台左边。设置 x 坐标为 -240，y 坐标为 -180～180 的随机数。

情况 2：舞台右边。设置 x 坐标为 240，y 坐标为 -180～180 的随机数。

情况 3：舞台上边。设置 x 坐标为 -240～240 的随机数，y 坐标为 180。

情况 4：舞台下边。设置 x 坐标为－240～240 的随机数，y 坐标为－180。

克隆体显示出来后，让它不断重复以下语句。

（1）面向 Ball

（2）移动 3 步

如果克隆体碰到了 Ball，游戏结束。

为了增加游戏的可玩性，我们规定当 Beetle 克隆体相互发生碰触时，可以相互吃掉。不过在“侦测”类别中的“碰到……？”积木语句参数只能选择鼠标或其他角色[①]，因此需要用“碰到颜色……？”积木，并选择颜色参数为 Beetle 边缘的颜色（很幸运，Beetle 边缘只有一种颜色——黑色）。这样，当侦测发现克隆体碰到黑色时，就删除此克隆体。

请你实现以上脚本程序，然后玩一玩这个游戏，有趣吗？

10.3.3 关于删除克隆体的问题

有的小朋友提出了一个问题：当克隆体 A 和克隆体 B 碰触时，对于 A 和 B 来说，都满足“碰到黑色”这个条件，那么根据程序，应该两个克隆体都删除自身。为什么实际游戏运行时，只会删除其中一个克隆体呢？虽然删除一个克隆体的效果是一只 Beetle 吃掉了另一只，比两只同时被对方吃掉更合理，但程序运行情况为什么与编写的脚本逻辑不一样呢？

这是一个非常好的问题，涉及计算机执行程序的一些细节。在 Scratch 程序中，经常会有几段脚本在同时运行，但这种同时运行只是宏观上的感觉，在微观上可以想象为这样的情况：每段脚本都被分成多个小片段，每个小片段中含少数几个语句；Scratch 依次执行不同脚本的不同小片段。由于每个小片段执行完成得很快，所以看起来每个脚本都是被连续执行的，不同脚本是同时执行的。对于克隆体 A 和克隆体 B 碰触的情况，虽然这时 A 和 B 同时满足侦测条件，但实际上总是某个侦测条件先被执行，然后立即执行了删除操作，这时再对另一个克隆体执行侦测的话，就不满足侦测条件了，也就不会被删除了。我们可以做个实验：在侦测碰到黑色后，不要立即删除，而是先等待 1 秒再删除，保证在删除前另一个克隆体也满足侦测条件。再运行程序，是不是相互碰触的克隆体都会被删除？

---

① 其实也有办法选择 Beetle 角色，方法是：在 Ball 的代码面板下设置为 碰到 Beetle ▾ ？，然后将它复制给 Beetle 角色。

10.4 结束画面的优化

当游戏结束时，由于所有克隆体都被自动删除，原始的 Beetle 角色是隐藏状态，所以舞台上只剩下 Ball 了。我们希望在结束时，能够将 Beetle 克隆体碰到 Ball 的状态显示出来，怎么做呢？

实际舞台上最终有一只隐藏的 Beetle，只要让它代替那只碰到 Ball 的克隆体显示出来就行了(反正克隆体与本体外观是完全一样的)。所以我们的办法是让那只碰到 Ball 的克隆体在删除自身前，将自己的状态告诉原本的 Beetle。这里的状态应该包括 x 坐标、y 坐标和方向三项信息。只需要新建三个变量，分别存储这三项信息就行了，如图 10.3 所示。

对于广播消息的响应比较简单，如图 10.4 所示。

图 10.3 将状态信息保存在变量中

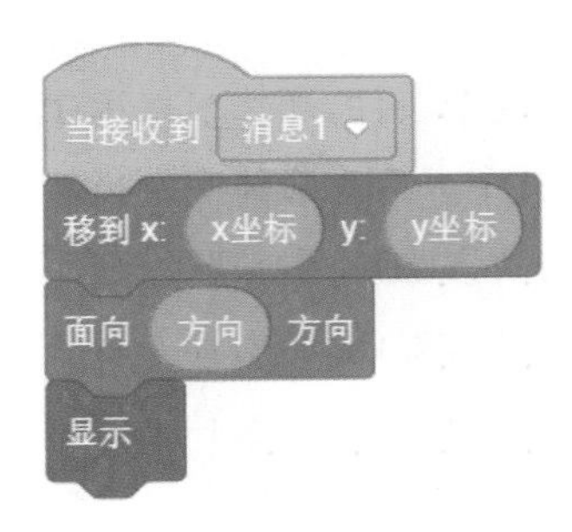

图 10.4 消息响应的脚本

10.5 本章小结

克隆是非常有用的功能，特别适合需要大量相同角色的场景。每个克隆体都是独立的个体，一旦生成出来，就能起到与普通角色相同的作用。可以将角色看成一个模子，每个克隆体是用这个模子做出来的个体。在编写程序的模式下，如果执行“克隆自己”语句,可以用鼠标将生成的克隆体拖放到舞台的其他位置。在百虫来袭游戏中,每个 Beetle 克隆体都拥有各自的状态(造型、坐标位置、方向等),克隆体在刚被克隆出来时,状态与原角色完全相同,但随后克隆体可随意改变自己的状态,这充分体现了克隆体复制和独立的特点。

到目前为止,我们新建变量时都只是简单地给变量起名字,但新建变量的对话框下部还有一个选项:"适用于所有角色"或"仅适用于当前角色",如图 10.5 所示。选项值默认的是"适用于所有角色",这使得 Scratch 程序中任意角色和背景都能够直接操作这个唯一的变量,包括修改和使用该变量的值。而"仅适用于当前角色"选项将新建变量归属于当前角色,其他角色或背景只能通过"侦测"类别中"……的……"积木来使用该变量的值,但无法修改该变量的值。当角色克隆时,归属于角色的变量也会被同时克隆,即克隆体也会拥有这样一个变量,x 坐标、y 坐标、方向其实就是这类归属于角色的变量。你能设计编写脚本程序,证明克隆体拥有归属于克隆体自己的变量吗?例如,一下子克隆 10 个,让每个克隆体设置该变量为随机值,然后移动到随机位置,等待 1 秒后说出该变量的值。如果克隆体拥有的变量其实是同一个,那么等待 1 秒后说出的内容应该是相同的;否则,各个克隆体说的内容会有不同。

图 10.5　新建变量时的选项

通过编写程序来发现某样事物或验证某个想法,是一种学习的方法,也是一种学习的能力。不管是书本记录还是老师讲解,都不可能事无巨细面面俱到,一些细节问题需要我们自己主动思考,通过编程并运行程序来找到答案。

10.6 练习：完善百虫来袭游戏

10.6.1 基础练习

请你在本章百虫来袭游戏的基础上，增加以下功能。

(1) 增加背景音乐。

(2) 实现记分功能。

① 游戏开始时，得分为 0。

② 游戏开始后，每过 0.5 秒，得分增加 num。

③ 每有一个 Beetle 克隆体被吃掉，得分增加 10。

(3) 让 Beetle 的克隆体拥有随机的造型。

10.6.2 提高练习

请你思考并尝试实现以下游戏功能。

(1) 允许玩家有三次“放大招”的机会，“放大招”能够消除舞台上当前所有的克隆体。

(2) 允许玩家有三次“放诱饵”的机会，“放诱饵”能够在原地留下一个假的 Ball，吸引所有的 Beetle 克隆体；当某个 Beetle 克隆体碰到诱饵后，诱饵消失。

(3) 允许玩家有三次“喊暂停”的机会，“喊暂停”后的 2 秒钟内，所有 Beetle 克隆体停止移动和转向，并且不会产生新的克隆体。

第2篇　思维训练

第11章

绘图基础

在前面的章节中,我们学习使用了 Scratch 中大部分的积木语句。在由简单到复杂的程序编写过程中,我们了解了一些程序设计的基本概念和基本方法,掌握了一些图形图像的操作原理和技巧。在编程控制角色的位置和移动时,经常需要进行数学计算,特别是那些复杂和精细的控制,甚至需要应用某种数学模型。用计算机来解决问题的本质,就是将具体问题抽象并转换为一个可计算的模型,然后利用计算机强大的计算能力来算出解答。从本章开始,我们将更多地关注程序设计背后的数学计算,更深刻地体会数学与程序设计的关系。

11.1 试用"画笔"类积木

单击 Scratch 桌面编辑器左下角的添加扩展,然后选择"画笔",就可以开始用 Scratch 的积木语句来控制角色绘制图形图像了。

11.1.1 "画笔"类积木

你可以把舞台当成一张纸,把角色当成一支笔,笔尖就在造型中心,用抬笔和落笔控制笔的抬起和落下,用"运动"类积木控制笔的移动。当笔处于落下状态时移动,就会在纸上显示出线条来。

你应该很容易就能在"画笔"类别中找到控制笔尖颜色和粗细的积木语句,再仔细看的话,可以发现"颜色"只是一个参数,相应的积木还能够用于控制饱和度、亮度和透明度。饱和度和亮度已经在第 3 章介绍过,透明度是指画笔颜色挡住背景颜色的程度,我们用荧光笔或者水彩笔画画时,经常不能完全遮盖住纸上原有的颜色,换句话说,荧光笔和水彩笔的颜色有一定的透明度。透明度的取值范围是 0～100，透明度为 0 时，新画的颜色完全遮盖原有颜色；透明度为 100 时，新画的颜色就完全透明看不到了（和没画的效果一样）。

图章是一个特殊的积木语句，它会让角色在原地留下一个造型印迹，就好像在纸上盖下一枚造型的图章。

全部擦除积木语句顾名思义就是将纸上的绘图痕迹全部擦掉，恢复舞台背景的原样。

11.1.2 尝试画线

请按下面伪代码的说明，尝试在 Scratch 桌面编辑器中画线。

（1）当单击后
（2）还原各种状态（隐藏角色、擦除原有绘图痕迹、面向 90°方向等）
（3）将变量 n 设置为 0
（4）重复 20 次
（5）抬笔
（6）移动到坐标位置（-220，$n\times18-175$）
（7）将笔的颜色设定为（$n\times5$）
（8）将笔的粗细设定为（$n+1$）
（9）让变量 n 增加 1
（10）落笔
（11）将变量 m 设置为 0
（12）重复 11 次
（13）将笔的亮度设定为（$m\times10$）
（14）将笔的饱和度设定为（$m\times10$）
（15）移动 40 步
（16）让变量 m 增加 1

你的程序运行后，是否在舞台上画出了与图 11.1 一样的效果呢？

仔细观察画出的线条，可以发现线条两端不是方的，而是圆的，这表明笔尖是一个圆

图 11.1　尝试画线

形。还可以观察发现线条的边缘与线条中间的颜色有区别，这也与笔尖是圆形有关。计算机屏幕由许多发光元素排列而成，每个元素都是一个小方格，因此当屏幕上显示圆的边缘时，会发生小方格一部分在圆内，一部分在圆外的情况。假设要显示白色背景中红色的圆，那么一部分在圆内一部分在圆外的小方格，理论上应该只有一部分显示为红色，另一部分显示为白色，从这个小方格整体来看，红色的量就比整个都在圆内全是红色的小方格要少。但实际上，计算机屏幕中每个小方格同一时间只能显示一种颜色，因此为了让视觉上感觉逼真一些，会让边缘的小方格显示为浅一些的红色，深浅程度与理论上小方格在圆内部分占整个小方格面积的比例有关。当我们画线时，相同深浅颜色的小方格排成了线，就显示出线条边缘和线条中间的颜色差别来。为了克服这种颜色深浅不同带来的影响，让线条颜色更鲜艳，建议画笔的粗细不小于 2。

查看变量 m 的变化情况，开始时 m 值为 0，之后每画一段后增加 1，共执行 11 次，因此 m 的值依次为 0,1,2,…,10 时画了线，对应亮度和饱和度分别从 0 到 100。对变量 n 的控制类似，实际以 n 的值依次为 0,1,2,…,19 时画了线，对应的颜色分别从 0 到 95。请思考，如果想让 m 和 n 的值依次为 1,2,…时画线，应如何修改程序？

11.2　绘制正多边形

绘制正多边形是一个经典的编程任务，任务要求从某个顶点开始依次画出正多边形的每条边，最后回到该顶点。对于正多边形来说，每边的长度相等，相邻两边的夹角也相等,如图 11.2 所示,要绘制出正多边形,关键是要知道画完一条边后,需要旋转多大角度以便画下一条边。

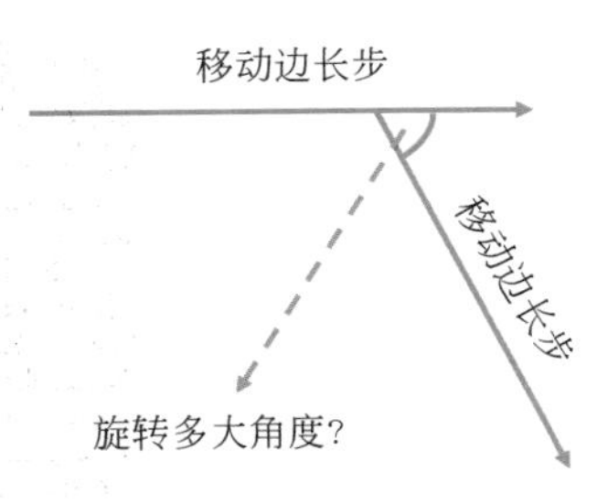

图 11.2 绘制正多边形时的旋转角度

用几何的术语来说,图 11.2 中标记的旋转角度称为“外角”(区别于多边形内部的角——“内角”)。由于最终画完多边形要回到起始顶点,即绘制过程中转了一个圈,因此不管是画多少边形,最终一共要旋转 360°,或者说外角之和是 360°。由于正多边形的旋转对称性,每个外角都应该相等,因此正 n 边形的每个外角应该等于 $360/°n$,也就是说每画完一边后,应该旋转 $360/°n$。

因此用以下方法可以画出边长为 x 的正 n 边形。

(1) 重复执行 n 次
(2) 　　移动 x 步
(3) 　　旋转 $360/n°$

11.3 绘制蜂巢图

这一节的任务是绘制许多边长为 20 的正六边形组成蜂巢图,如图 11.3 所示。

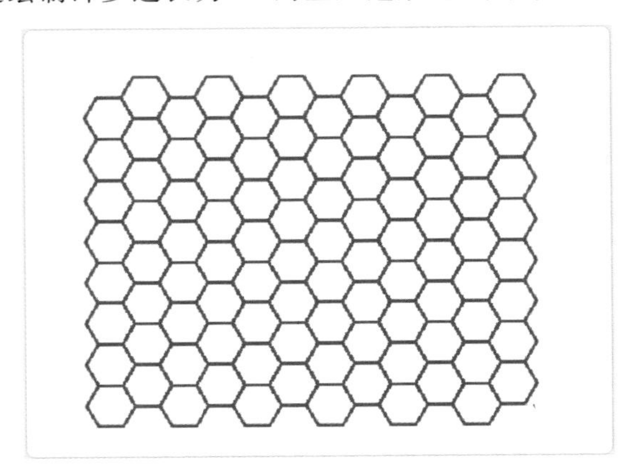
图 11.3 绘制蜂巢图

11.3.1　问题分解

可以把如图 11.3 所示的蜂巢图看作由 8 排如图 11.4 所示的单排蜂巢拼接而成，单排蜂巢又可以看作由 12 个正六边形的蜂巢拼接而成。

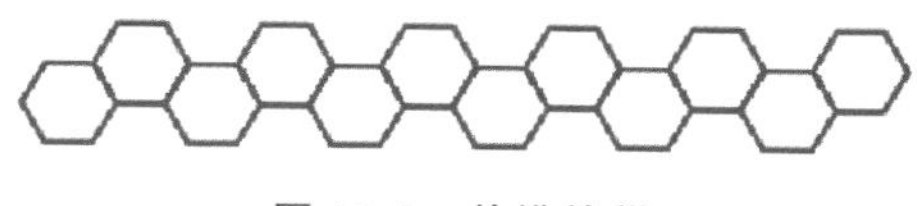

图 11.4　单排蜂巢

对于单个正六边形的蜂巢，用 11.2 节中讲的方法即可绘制。

只要计算出不同单元的拼接位置，就可以完成整个蜂巢图的绘制。

11.3.2　绘制单个蜂巢

我们思考解决复杂问题的时候，往往需要将复杂问题分解。对于像蜂巢图这样明显可由小组件拼接组合成大组件的情形，这种“小组件”概念使我们在面对整个绘制任务时，可以先考虑整体结构，再考虑细节实现，这是我们解决问题的一种思想方法。对于编程来说，如果有一块积木语句能够完成小组件的绘制，那么整个程序的结构设计和实现也会变得更清晰更简单。Scratch 的自制积木功能，能够让我们把一段脚本程序制作成一块自制积木，就像 Scratch 中原本就有的积木语句一样使用。

单击 Scratch 桌面编辑器左侧的 自制积木，然后在积木区单击“制作新的积木”，弹出如图 11.5 所示的对话框。在“积木名称”处输入“绘制单个蜂巢”，然后单击“完成”按钮回到正常编程界面，可以看到在积木区出现了 绘制单个蜂巢，表明确实生成了一个新的积木语句；在编程区会出现 定义 绘制单个蜂巢，可以在它下面实现积木语句的功能，如图 11.6 所示。

11.3.3　绘制一排蜂巢

利用自制的“绘制单个蜂巢”积木，可以方便地实现绘制一排蜂巢的功能。

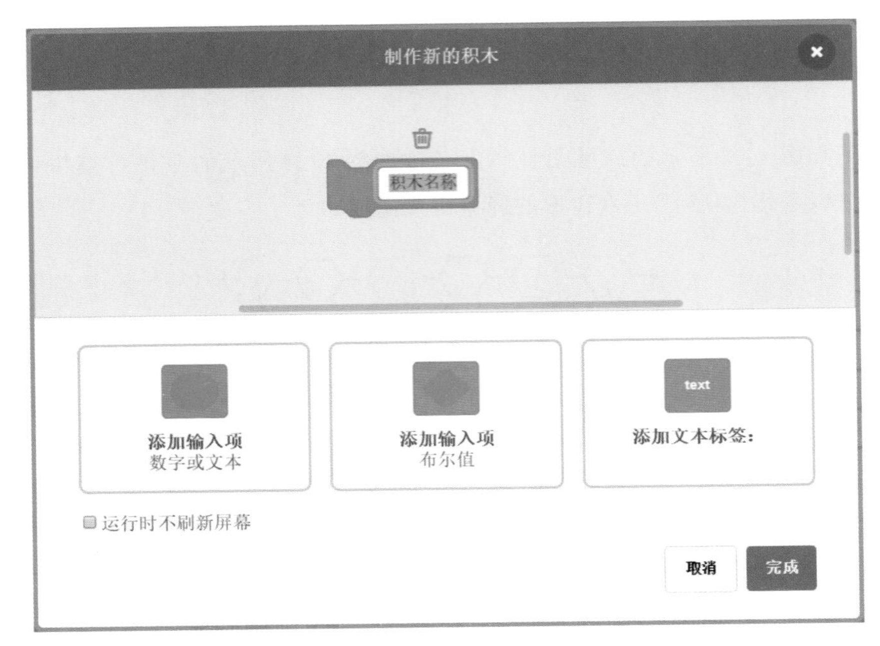

图 11.5　制作新的积木

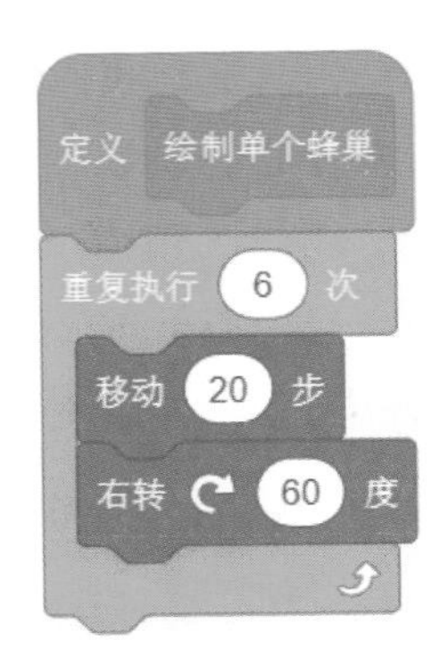

图 11.6　实现绘制单个蜂巢的功能

(1) 重复执行 6 次
(2)　　绘制单个蜂巢
(3)　　前进 20 步
(4)　　左转 60°

(5) 绘制单个蜂巢
(6) 右转 60°
(7) 抬笔
(8) 移动 40 步
(9) 落笔

我们来分析一下上面的伪代码。绘制一排蜂巢，可以看作是重复 6 次，每次绘制如图 11.7 所示的两个蜂巢。绘制从起点 1 开始，面向右手方向，当绘制完成单个蜂巢后，会回到起点 1，并且仍然面向右手方向。为了绘制右上方的蜂巢，需要调整位置到起点 2，并且调整前进方向，因此需要执行伪代码中的(3)和(4)。再次绘制单个蜂巢后，需要调整位置到起点 3，并且面向右手方向，以便下一次的重复执行。一个正六边形刚好可以分割成相同边长的 6 个正三角形，因此伪代码(8)需要移动 2 倍边长，即 40 步。这里需要一些数学知识和数学计算。

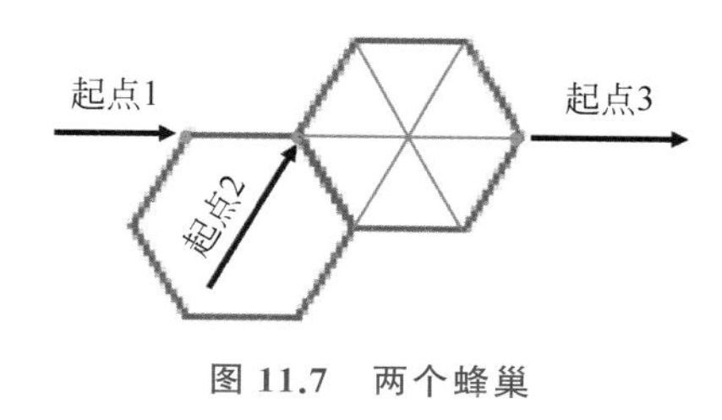

图 11.7　两个蜂巢

请你把绘制一排蜂巢也制作成一个新的积木语句 绘制一排蜂巢 。

11.3.4　调整落笔和抬笔

绘制图形图像时经常要注意落笔和抬笔的状态。在图 11.7 中，从起点 2 到起点 3，就需要抬笔后再移动，移动到位后再落笔准备画线。由于在思考和编程实现绘图时，容易忘记落笔抬笔的操作，或者弄混了落笔抬笔的状态，所以我们可以制定一个原则：在需要绘画时才落笔，画完后就立即抬笔。这与 Scratch 角色在默认状态下为抬笔状态是一致的。

遵循这一原则，我们可以将"绘制单个蜂巢"积木和"绘制一排蜂巢"积木如图 11.8 所示来实现。

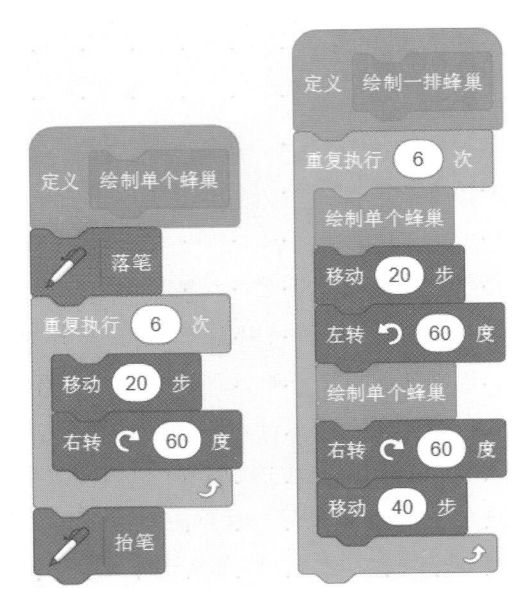

图 11.8 遵循落笔抬笔原则

11.3.5 完成蜂巢图

利用“绘制一排蜂巢”积木来实现蜂巢图就很简单了。

最底下一排蜂巢的起点位置可设为(－180，－120)(即 x 坐标为－180，y 坐标为－120)。相邻两排起点位置的 x 坐标相等，y 坐标相差不是单个蜂巢边长的整数倍，而是 平方根 3 倍(可以用数学方法计算得到)。

请你完成蜂巢图的绘制。

11.4 自制带参数的积木

自制积木也可以设定参数，下面我们来自制一个“画正 n 边形”的积木(假设边长固定为 60)。

单击“制作新的积木”出现图 11.5 后，先在积木名称处输入“画正”；然后单击下面左侧“添加输入项 数字或文本”，积木变成 画正 number or text ；在“number or text”处输入“n”；再单击下面右侧“添加文本标签：”，积木变成 画正 n label text ；在“label text”处输入“边形”，最后单击“完成”按钮，在积木区就出现了新积木 画正 边形 。

在“画正 n 边形”积木的脚本程序中，需要用到参数 n。参数不是变量，所以在“变量”类积木中是找不到的。参数只与所属的自制积木有关，在自制积木的脚本中需要用到该参数时，将 定义 画正 n 边形 中的 n 拖放到所需位置即可。最终完成的积木程序如图 11.9 所示。

请你试着使用“画正 n 边形”积木，画出如图 11.10 所示的图形（正三角形、正方形、正五边形、正六边形、……、正十四边形），注意用变量和重复执行积木正确控制正多边形的边数。

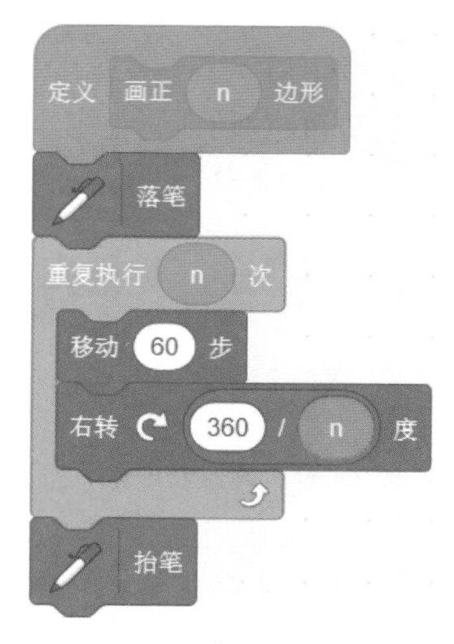

图 11.9　画正 n 边形积木的程序

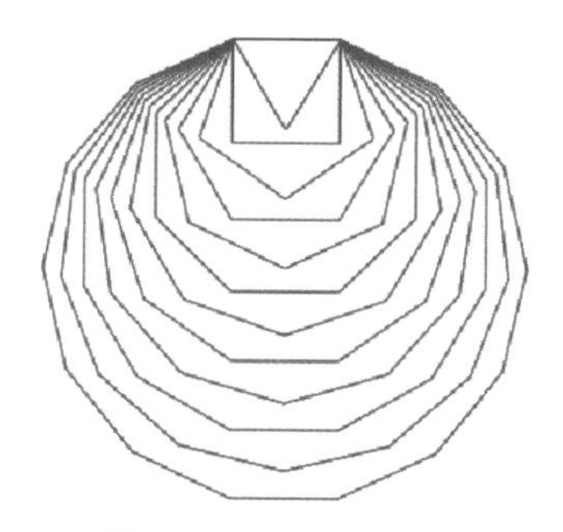

图 11.10　绘制图形 1

请你自制一个“画边长为 x 的正方形”积木，然后利用该积木画出如图 11.11 所示的图形。

图 11.11　绘制图形 2

请你自制一个“画边长为 x 的正 n 边形”积木，然后用该积木配合随机起始位置、随机方向、随机画笔颜色、随机画笔粗细、随机边数和边长，看看能画出什么样的图形[1]？

11.5 复制已编写的部分程序

有时我们编写的部分程序，特别是某些自制的积木，能够用在新的程序中，但是没有办法直接从一个 Scratch 程序中复制部分脚本到另一个 Scratch 程序中。可以在角色区的角色图标上单击鼠标右键，选择“导出”功能，将这个角色相关的所有脚本、变量、自制积木、造型、声音都保存在指定文件（扩展名为 sprite3）中。在编写新的 Scratch 程序的时候，通过单击角色区右下角的弹出的图标（即“上传角色”功能），能够选择扩展名为 sprite3 的文件，从而将之前保存的内容导入当前程序。

11.6 本章小结

本章学习了画笔相关的积木语句，还学习了自制积木。Scratch 桌面编辑器并没有提供关于积木语句效果和运行情况的说明材料，一切都留给我们去尝试、探索、发现和总结。实际上，对于现代大部分程序设计语言来说，把所有语句的细节都写出来可不是一件容易的事。程序设计语言是用来解决问题的，因此掌握常用的语句足以应对大部分情况。在有必要了解特定的细节特性的时候，自己去尝试，让程序运行的效果和结果来告诉自己即可。所以如果有些内容本书没有介绍，而你又特别想了解的话，可以自己去发现答案。例如，在制作新的积木时，对话框下面有一个“运行时不刷新屏幕”的选项，你可以用鼠标右键单击自制积木或定义该积木的语句，选择“编辑”并修改这一选项的值，然后运行程序观察效果。

绘制正多边形是非常基础的内容，当边数较大时，正多边形看起来就像是一个圆了。实际上，这确实是一种在计算机上画圆的方法，只是圆心位置和半径大小并不显而易见。第 12 章我们会学习另一种画圆的方法。

简单基础的图形元素可以拼接组合成复杂而美丽的图案，往往只需要通过一些数学

[1] 注：当画笔轨迹超出舞台较多时，移动转向会有偏差，导致无法回到正多边形起点。

计算来确定图形元素的各自位置。如果计算错误或者计算结果不精确，图形元素的拼接就会错位。变量和重复执行的积木语句经常组合在一起实现特定次数的控制，应该有意识地去确认变量在重复执行之前和不再重复执行之后究竟取值是多少，确认重复执行的部分实际究竟执行了多少次，避免出错。

自制积木是非常重要的功能，在各种程序设计语言中都有类似的功能支持。自制积木可减少重复性的编程工作，有助于在更高层次上设计和实现程序，避免总是陷入细节或具体操作中。我们提出的落笔抬笔原则，也有助于让程序设计更有条理，不易出错。

通过导出和上传角色的功能，我们能够在不同的 Scratch 程序间复制部分程序内容。

11.7 练习：绘制图形

11.7.1 了解画笔透明度的效果

设计一个程序来验证设置画笔不同透明度的绘图效果（提示：填充背景为某种颜色，然后用另一种颜色以较粗的笔尖画出不同透明度的线条）。当在同一位置反复以较大透明度值画线时，会产生什么效果？落笔处与移动过程中线条颜色有什么区别？

11.7.2 画 *n* 角星

请你自制积木“绘制 n 角星”，其中 n 为奇数，图 11.12 是五角星的示例。当 n 为奇数时，n 角星每个尖角为$(180\div n)^\circ$，因此外角的大小为$(180-180\div n)^\circ$。

图 11.12 五角星

11.7.3 画螺旋

请画出如图 11.13 所示的螺旋：让变量 x 从 1 开始，重复 3000 次执行，每次的内容是“走 1 步，右转$(480\div x)^\circ$，x 增加 0.5”。

请画出如图 11.14 所示的螺旋：边长从 5 开始，每画一个正方形，右转 30°，边长增加 3；重复 40 次。

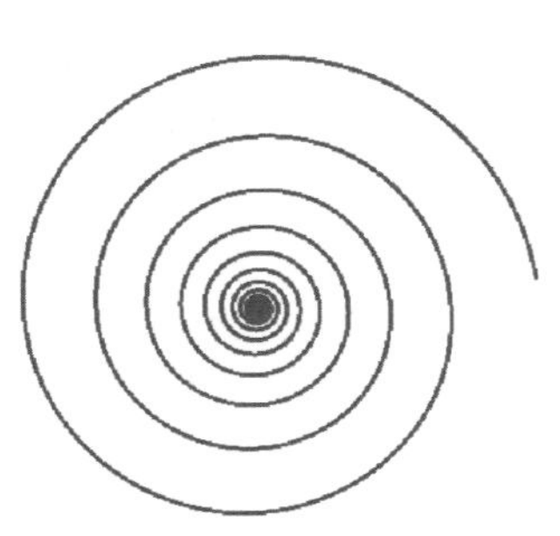

图 11.13　螺旋一

图 11.14　螺旋二

11.7.4　提高练习：幻影移动

我们来体验一下“图章”积木的效果。请使用 CatFlying-a 造型，按以下的说明编程，实现一些动画片中表现快速移动的视听效果，如图 11.15 所示。

(1) 当单击后，完成初始化工作
(2) 重复执行
(3) 　　重复执行直到按下鼠标
(4) 　　　　面向鼠标指针
(5) 　　设置(dx, dy)＝鼠标位置相对于当前角色位置的偏移量的 1/91
(6) 　　播放声音 Zoop
(7) 　　让变量 i 分别取值 1,2,3,…,6
(8) 　　　　图章
(9) 　　　　让角色移动偏移量(dx×i×i, dy×i×i)
(10) 　　全部擦除

图 11.15　快速移动效果

第 12 章

函数绘图

第 11 章我们控制笔尖运动方向，绘制出直的线段，形成图形。当许多短的直线段首尾连接且相邻线段夹角很小时，就能形成曲线的效果。但是第 11 章我们重点关注所画出图形的形状，而没有关注图形的位置，或者说我们绘图时并没有严格要求图形出现在舞台上的具体位置。对于汉字来说，笔画的形状和位置都是重要的，两横一竖既可能是“土”字，也可能是“干”字，还可能是“工”字。容易想到，如果将图形置于坐标系中，只要精确地计算出图形中每一条线的起点和终点，就能够准确地在指定位置画出图形。

12.1 函数与图像

12.1.1 画坐标系

在第 3 章中图 3.22 给出了舞台的坐标体系，舞台最左边的 x 坐标值为 -240，最右边的 x 坐标值为 240，底边的 y 坐标值为 -180，顶端的 y 坐标值为 180。

请将笔的颜色设置为黑色，粗细设置为 2，在舞台上画出 x 轴（即从点 $(-240, 0)$ 到点 $(240, 0)$ 的直线）和 y 轴（即从点 $(0, -180)$ 到点 $(0, 180)$ 的直线）。可以将画坐标轴的功能定义为一块名为“画坐标轴”的自制积木。

12.1.2 函数、坐标与图像

如果有一个固定的等式 $y=f(x)$，例如 $y=x+4$，又如 $y=x^2-3$，对于每一个 x 的值，都可以算出 y 的值，即等式 $y=f(x)$ 给出了 x 和 y 的取值关系，我们把它称为函数。

将满足某函数关系的一对 x 和 y 的值作为某个点的坐标(x, y)，那么所有满足该函数关系的点(x, y)将组成一幅特定的图像。相反，对于特定图像，如果我们能够找到图像中每个点的坐标值(x, y)都满足的函数关系，就可以用这个函数来间接地表示这个图像。给出一个函数，依据它来计算出所有的(x, y)值对，以这些(x, y)为坐标画出点就得到了这个图像。

满足函数关系的(x, y)值可以是小数，一般来说，会有无数对(x, y)，而且 x 或 y 的值也可能是无穷大，例如函数 $y=x+4$。我们根据函数来绘制图像时，只需要画出特定范围内的图像即可，即 x 和 y 的取值在特定范围内；而且在这个范围内只需要以某个足够小的间隔来计算相邻点的位置，将相邻点连接成线，就能够以一定精度显示图像细节了。因此，实际需要计算并连线的点数量是有限的。

12.2　画圆

我们在第 11 章提到过，用画正多边形的方法可以画出圆的效果，但是所画圆的圆心和半径却不容易知道。在更多情况下，我们需要画出已知圆心位置和半径大小的圆。

12.2.1　圆上点的函数关系

我们知道，圆上的每个点与圆心的距离等于半径。假设圆心在坐标$(0, 0)$处，圆的半径为 r。如图 12.1 所示，根据勾股定理，圆上的点(x, y)满足 $x^2+y^2=r^2$。如果知道 x 的值，那么 y 的值是$\sqrt{r^2-x^2}$或者 $-\sqrt{r^2-x^2}$，用 Scratch 中的积木来表示就是 或 。而圆最左边的点显然是$(-r, 0)$，最右边的点是$(r, 0)$。

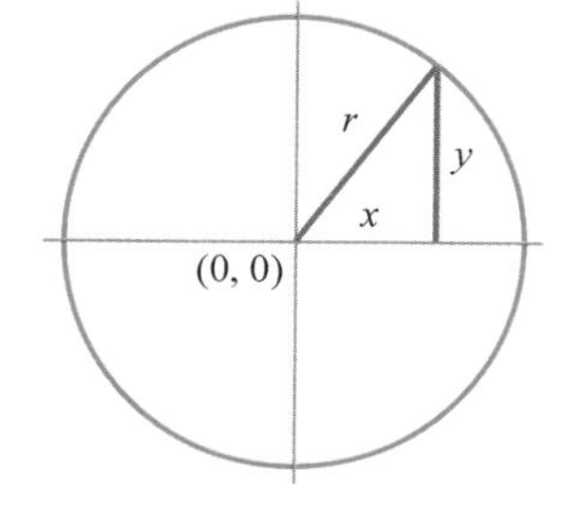

图 12.1　圆上点的函数关系

12.2.2　画上半圆

可以把画圆的程序分成两个部分，先画上半圆：

(1) 从$(-r,0)$处开始落笔

(2) 让 x 在$-r$ 的基础上逐步地增加，但不超过 r

(3) 对于每个 x 的值，算出$\sqrt{r^2-x^2}$作为 y 的值

(4) 从当前位置往(x,y)画线

图 12.2 显示的是自制积木“画半径为 r 的圆”中画上半圆的脚本。

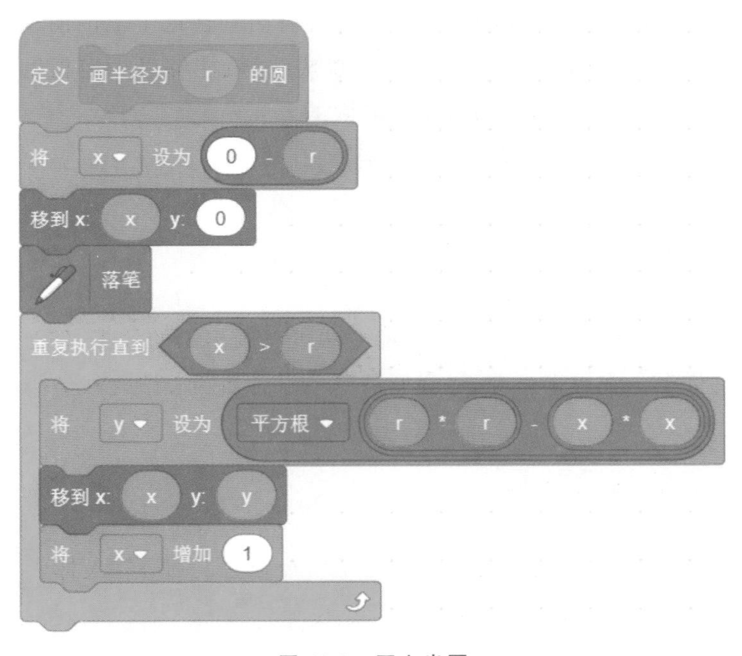

图 12.2 画上半圆

注意一下画上半圆时对 x 的控制：落笔处 $x=-r$，然后让 x 不断增加 1，直到 $x>r$。在重复的脚本中，第一次计算的位置 $x=-r$，然后是位置 $x=-r+1$。一旦 x 增加 1 后大于 r，就不会再用来计算 y 值了。严格来说，计算的第一个点(x, y)就是落笔点，并没有起到实际的画线作用，起到作用的第一个点 $x=-r+1$，但为了程序逻辑清楚语句简洁，多算一个点无伤大雅。对 x 值的控制关键是保证当 x 增加 1 后，会立即检查 x 是否大于 r，从而确保后续对 y 值的计算是有效的。

12.2.3　完成画圆

画下半圆时，如果想接着上半圆的终点从右往左画，那么上半圆结束时程序中的 x 值不能直接用来算相应的下半圆 y 值，需要减 1 以后再计算。如果仍从左往右来画下半圆，复制图 12.2 中的脚本并做小的修改即可，但要注意抬笔和落笔。另外，如果 r 不是整数的话，图 12.2 的程序实际上并没有画到$(r, 0)$这一点，因此圆的最右边没有封闭。可以在上半圆的重复执行完闭后，强制将笔移动到$(r, 0)$，保证圆的完整。画下半圆也一样。

修改一下画圆的程序，很容易能够画出填充效果的实心圆来，如图 12.3 所示。请你思考一下：画法的原理是什么？

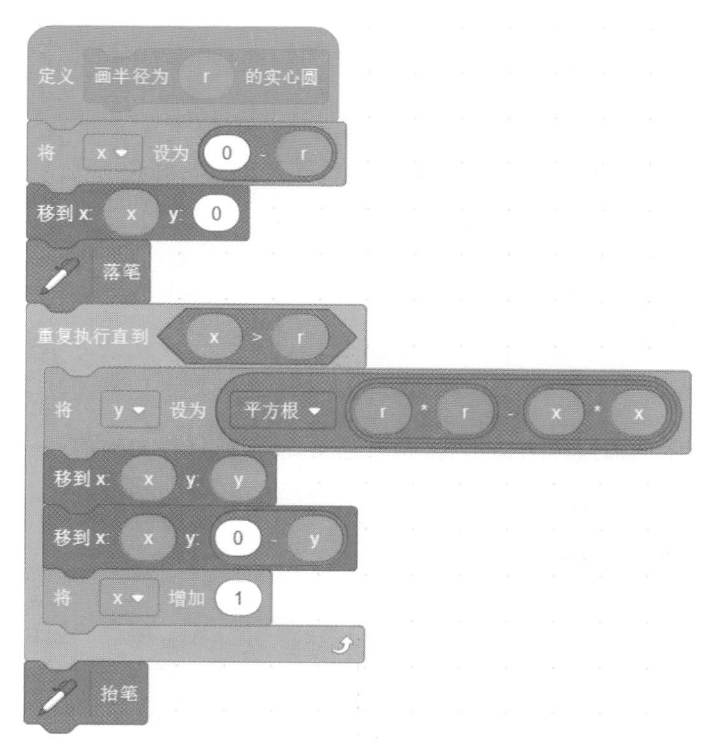

图 12.3　画实心圆

12.3 画椭圆

椭圆与圆是相似的，如图 12.4 所示，如果椭圆的圆心在(0, 0)，那么椭圆上任意一点(x, y)满足关系$\frac{x^2}{a^2}+\frac{y^2}{b^2}=1$。如果已知 x，那么 $y=\pm\frac{b}{a}\sqrt{a^2-x^2}$，椭圆最左边的点为($-a$, 0)，最右边的点为($a$, 0)。

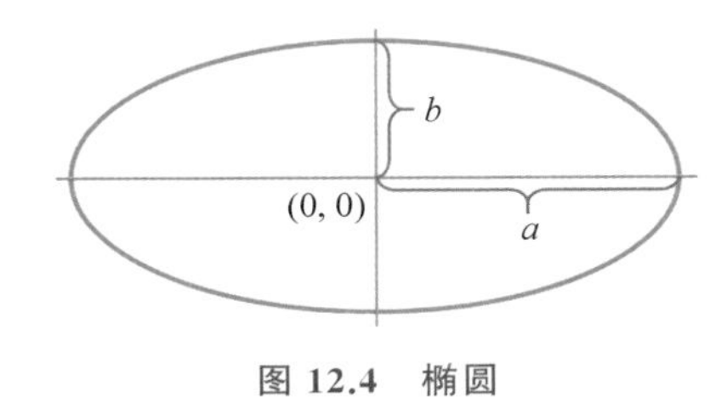

图 12.4 椭圆

请你仿照画圆的程序自制画椭圆的积木，参数分别为 a 和 b(分别称为椭圆的半长轴和半短轴)。

12.4 画抛物线

如图 12.5 所示的曲线称为抛物线，顾名思义，曲线就好像向斜前方抛出一个物体时，物体的运动轨迹。这条抛物线可以用等式 $y=-0.01x^2+100$ 来表示。请你画出这条抛物线，其中 x 坐标的取值范围是-150～150。你可以从中间 $x=0$ 处向两侧画，也可以从一侧向另一侧画。

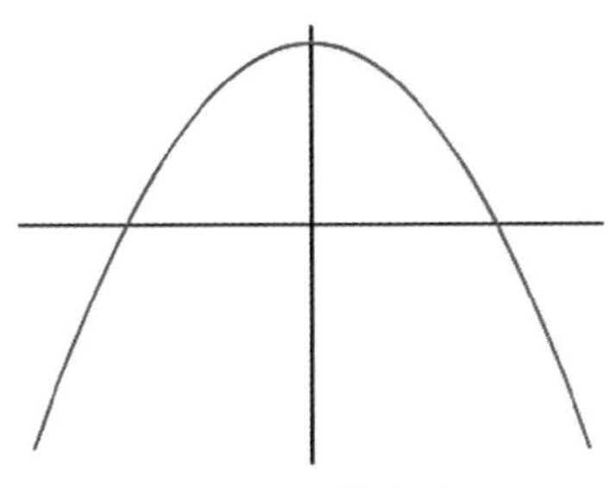

图 12.5 抛物线

12.5　公转与自转

地球在绕着太阳转动(称为公转),同时地球还以地轴为轴心不断旋转(称为自转)。对于地球上某个点来说,例如你的学校,它随同地球公转是很大的一圈,转一圈是一年,它同时随地球自转是相对较小的一圈,转一圈是一天,两种转动复合在一起,实际上是一种螺旋前进的路线,就好像图 12.6 所示的弹簧发圈一样。

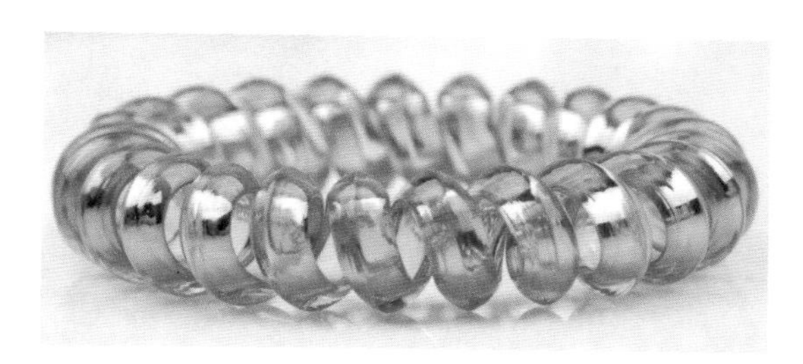

图 12.6　弹簧发圈

很多小朋友都玩过万花尺,如图 12.7 所示,它的原理与地球公转同时自转是相似的,只不过两种转动在同一平面上。万花尺内部圆片与外部圆框的齿轮咬合,使得内部圆片的圆心以一个圆的轨迹移动(形成公转),内部圆片上的孔(即笔尖处)要绕内部圆片的圆心移动(形成自转),两种转动结合在一起,可以呈现出美丽的图案。

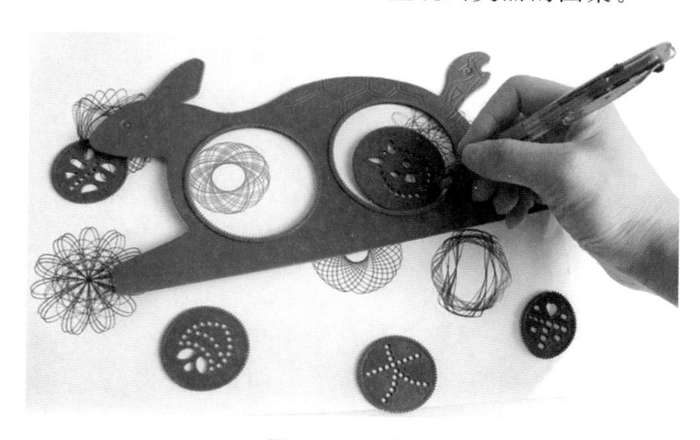

图 12.7　万花尺

12.6 万花尺笔尖位置的函数表示

可以将万花尺笔尖的移动用图 12.8 来表示。笔尖在半径为 r_1 的小圆上，小圆圆心在半径为 r_2 的大圆上。笔尖的移动是相对于小圆圆心的转动，再叠加小圆圆心相对于大圆圆心的转动。

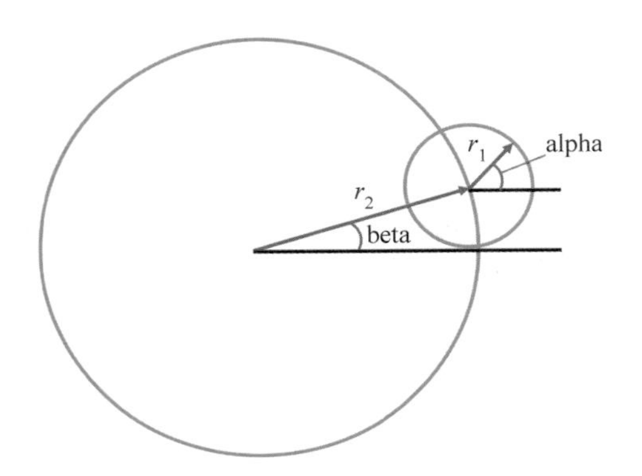

图 12.8 万花尺笔尖移动示意图

假设大圆圆心在坐标原点(0, 0)上，笔尖的起始位置在最右侧(r_1+r_2, 0)上。当笔尖移动到某一点时，假设相对于小圆圆心来说，距起始位置旋转了 alpha 角度，这时小圆圆心相对于大圆圆心来说，距起始位置旋转了 beta 角度。根据数学知识(你以后会在数学课上学到)，这时笔尖的坐标值 $x=r_1\times\cos(\text{alpha})+r_2\times\cos(\text{beta})$，$y=r_1\times\sin(\text{alpha})+r_2\times\sin(\text{beta})$，其中，cos 和 sin 是两种运算，在 Scratch 的“运算”类别积木中可以找到，如图 12.9 所示。

图 12.9 找到 cos 和 sin 运算

随着笔尖的移动，alpha 和 beta 的增长其实是相反的(你在心里想着内部圆片的转动，就能够理解了)，而且有固定的大小比例 ratio(ratio 等于内部圆片周边齿轮数与外部圆框齿轮数之比)，如果 alpha 和 beta 初始值都是 0 的话，那么永远有 beta=alpha×ratio。综上，决定笔尖移动轨迹的参数共有 3 个：r_1、r_2、ratio。

12.7　实现万花尺程序

请按以下伪代码实现自定义的积木“万花尺 r1 r2 ratio”。

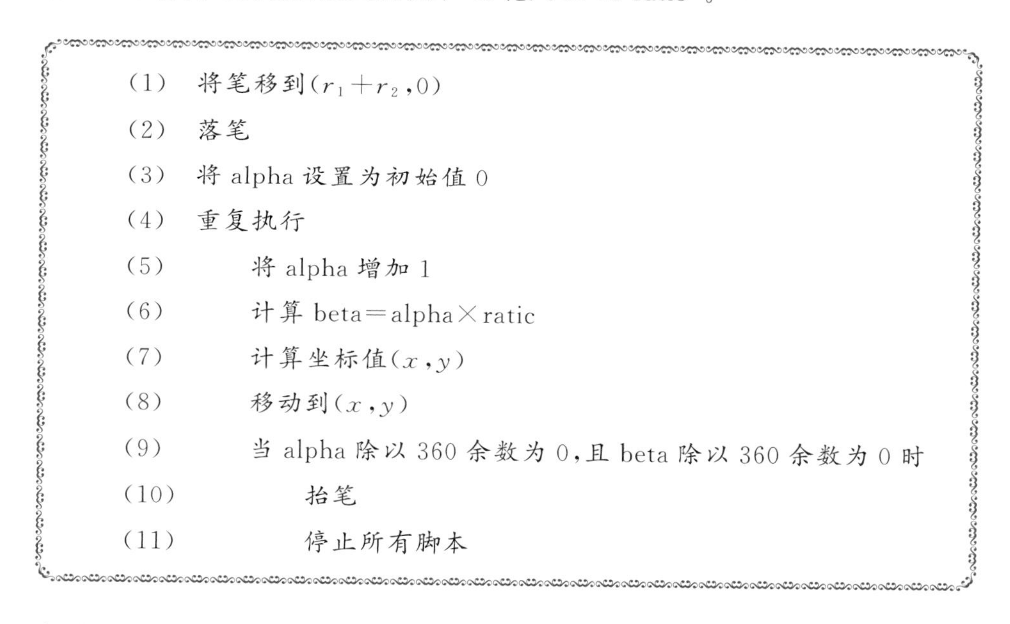

(1)　将笔移到$(r_1+r_2,0)$

(2)　落笔

(3)　将 alpha 设置为初始值 0

(4)　重复执行

(5)　　将 alpha 增加 1

(6)　　计算 beta＝alpha×ratic

(7)　　计算坐标值(x,y)

(8)　　移动到(x,y)

(9)　　当 alpha 除以 360 余数为 0，且 beta 除以 360 余数为 0 时

(10)　　　抬笔

(11)　　　停止所有脚本

为了显示出彩色的效果，可以将笔的颜色设置为与 x 坐标值相等。

图 12.10 给出了几组参数值与画出的图像。为了加快绘图速度，alpha 每次可增加 2 或更多。

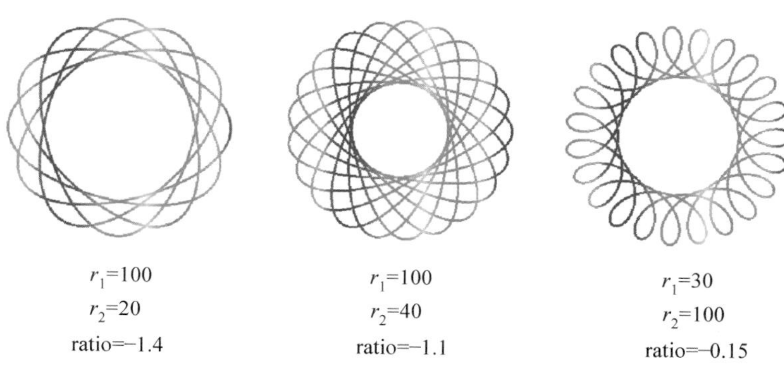

图 12.10　几组万花尺参数与图像

12.8 本章小结

本章介绍了函数的概念。将图像置于坐标系中，把图像上点的坐标 x 和 y 看作函数中的变量，就可以用函数来表示图像了。依据给定的函数，可以计算并画出特定范围内的图像。在图 12.2 画上半圆的程序中，控制坐标 x 的值每次增加 1，计算相应的 y 值。请你试一下，如果 x 每次增加 2、增加 0.5，画出的圆会有什么不同？仔细观察对比可以发现，当 x 的增量变化时，圆的左右两侧线条会有变化。请看图 12.11，这是把某图像局部沿水平方向拉伸后的情况，Δx 表示 x 的增量。从图中可以看到，点$(x, 0)$和点$(x+\Delta x, 0)$只间隔了一个Δx 增量，如果程序运行过程中，刚好计算的是 x 和 $x+\Delta x$ 对应的 y 值，那么画出的线条将是一段水平线，而不是图中的曲线。如果想画出图中曲线，必须让Δx 足够小，才能在不断增加Δx 的情况下反映出 y 的变化来。换个角度来看，在很小的间隔Δx 内，y 的变化比 x 的变化要剧烈得多，如果这时以 y 不断增量来计算 x 的话，也能够画出曲线高度变化来。可见，增量越小，越可能反映出图像的细节。当然，增量越小，表明要计算的点越多，计算量越大，程序运行越慢。另外，计算机的屏幕也有显示细节的极限，给定了屏幕区域对应的坐标范围，单个像素对应的增量就是细节极限了。在增量相同的情况下，基于变化更大的坐标值来计算另一个坐标值，更可能反映出图像的细节。

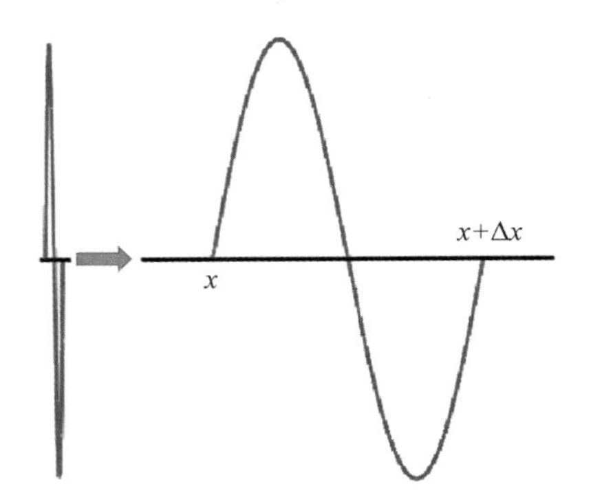

图 12.11 放大的图像局部

在我们的示例程序中，用 x 与取值范围来做比较，决定重复的语句什么时候停止。有的小朋友喜欢用指定次数的重复语句，这当然是可以的，但要注意重复次数。以画半径为 100 的圆为例，实际 x 的取值有 $-100, -99, \cdots, 0, \cdots, 99, 100$ 共 201 个值，而不是

200 个。重复次数多少合适，还可以看要计算多少个 y 值。如果画上半圆的起点是 $(-r,0)$，第一个计算的 y 值对应的 $x=-r+1$，则只需要算 200 个值就够了，因此重复次数只需要 200，但要保证 x 的值在有效的范围内。

12.9　练习：绘图与思考

12.9.1　研究万花尺程序

图 12.10 展示了 3 张由万花尺程序画出的图像，前两张其实是相同类型的。仅通过设置不同的参数，你能得到几种不同类型的图像？提醒：可以设置"运行时不刷新屏幕"，减少绘图时间。

请研究：

(1) r_1 和 r_2 的大小对图像有什么影响？

(2) ratio 的不同取值对图像有什么影响？

① ratio 取正值时如何？取负值时如何？

② ratio 取大于 1 的值时如何？取介于 0 和 1 之间的值时如何？

(3) 重复语句中，alpha 每次增加的角度大小对图像有什么影响？

12.9.2　画点成图

第 11 章介绍了计算机屏幕的最小显示单位是像素，屏幕上显示的图像是一个一个像素显示结果的组合效果。在 Scratch 中，只要落笔就会以当前笔的粗细画下一个点，我们将它看作一个像素。请你按以下说明编写程序，一个点一个点地去画，最终显示出一幅图像。

(1) 图像在坐标系中的范围是 300×300，图像中心即坐标系原点(0, 0)。

(2) 对于图像中每个点 (x,y)，计算 $res=x^2+y^2$，这个点的颜色等于 res 除以 100 的余数，饱和度和亮度等于 100 减 res 除以 400 的商。

请思考：如何减少程序的计算量以提高绘图速度？请尝试修改点的颜色、饱和度和亮度的设置算法，看看效果如何。

第13章

递归与迭代计算

你小时候听过这个故事吗？从前有座山，山上有座庙，庙里有个老和尚在对小和尚讲故事，讲的是：从前有座山，山上有座庙，庙里有个老和尚在对小和尚讲故事，讲的是：从前有座山，山上有座庙，庙里有个老和尚在对小和尚讲故事，讲的是……

这个故事一段套着一段，永远也讲不完。在本章中，我们将使用类似的嵌套的方法来解决一些嵌套的问题。

13.1　递归

找一面镜子，最好是装在墙上的大块镜子，然后手里拿上另一面镜子站到大镜子前，让两块镜面相对。你会看到在大镜子中照出了你手拿镜子的情景，在情景内你手里镜子中又照出一个小型的你手拿镜子的情景，这样的情景会一直嵌套下去，直到小得你看不清楚。

如果把本章最开始的"讲故事"和这里的"在……中照出情景"制作成一块 Scratch 中的积木语句，那么实现这块积木语句时，又会用到"讲故事"和"在……中照出情景"的积木，如图 13.1 所示。

在积木语句中使用积木语句自身，这种现象在程序设计中称为递归。如果在积木语句 A 中用到了积木语句 B，而在积木语句 B 中又用到了积木语句 A，那么积木语句 A 间接地使用了自身，这种情况也称为递归。

对于某些带有嵌套重复性质的问题，递归是自然而有效的解决方法。

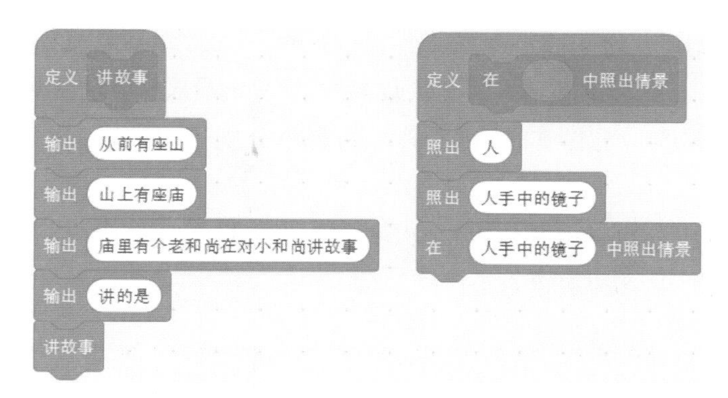

图 13.1 在自制积木中用到自制积木自身

13.2 绘制彩色雪花

我们来编程画出如图 13.2(a)所示的彩色雪花。彩色雪花由内外两层组成,每层有 6 个分支,每一分支都具有嵌套重复的特点,如图 13.2(b)所示。

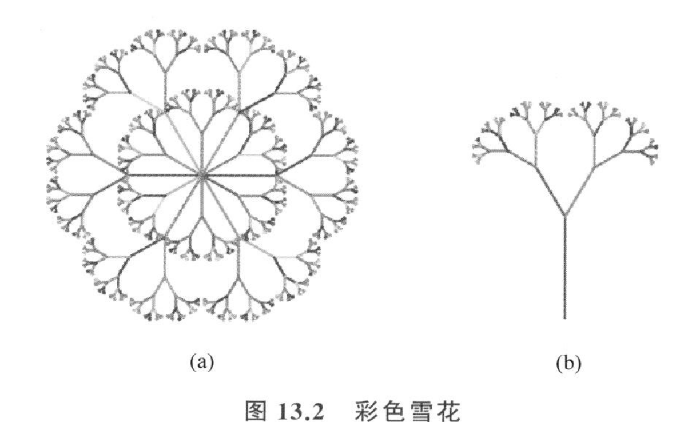

图 13.2 彩色雪花

如果制作一块积木,功能是“画一个分支”,那么具体画法可以是:

(1) 画一条线

(2) 左转 30°,画一个分支

(3) 右转 60°,画一个分支

当然，完整地画出分支还需要考虑抬笔、落笔、画线长度、画完回到起始点并保持原方向（以便画完左侧分支后，可以直接旋转并画右侧分支）等这些细节。另外，显然当分支中的线条短到一定程度时，就不必再画更小分支了（即使画出来，也已经看不清了）。

因此，我们可以自制一块新的积木“以长度 len 画分支”，其中，参数 len 表示分支主干的线条长度，以下是伪代码供参考。

```
(1) 如果 len>2
(2)     落笔，移动 len 步，抬笔
(3)     左转 30°，以长度(len/1.8)画分支
(4)     右转 60°，以长度(len/1.8)画分支
(5)     左转 30°，移动－len 步
```

伪代码的第(1)步非常重要，它保证了自制的积木语句不会无休止地执行下去。当 len≤2 时，积木语句直接执行完毕，不再递归地画分支。这种控制条件，在编程中称为递归终止条件，是编写递归程序时最重要的思考内容之一。第(2)步的落笔、抬笔组合，遵循了第 11 章时的绘图原则，保证落笔、抬笔状态正确。第(5)步，保证画笔回到分支的起点，并且保持原方向，使得画分支的积木只实现绘图功能，不改变画笔位置和方向的状态，便于在更宏观的层面使用该自制的积木语句来组合绘制出图形。

为了像图 13.2 那样画出彩色效果，可以在伪代码第(2)步移动之前，让笔的颜色增加 10。

请你完成彩色雪花的绘制。提示：将笔的粗细设为 2，画出的图像线条更厚重；画雪花外层分支时，参数可用 70；画雪花内层分支时，参数可用 40。

13.3 绘制 Koch 雪花

13.3.1 分形

用递归程序画出的图形，其中某些组成部分会呈现出缩小后的图形整体。在自然界

中也会出现这种情况，例如西兰花，每一分支花簇与整体相似，又如雷雨时天空中出现的闪电。

在数学中有“分形”这一术语，意思是具有组成部分与整体自相似的性质。分形在数学中有一套专门的理论，是重要而有趣的一个研究领域。

13.3.2　Koch 曲线与 Koch 雪花

Koch 曲线是瑞典科学家在 1904 年首次提出的，可以按如图 13.3 所示的方法，从一条线段开始，构造出一条 Koch 曲线：

(1) 将线段三等分，令每一小段长为 a；

(2) 用边长为 a 的正三角形的两边，代替原先中间小段，得到由 4 段长度为 a 的线段组成的曲线；

(3) 对于新曲线的每一小段，重复(1)～(2)步骤；

(4) 不断重复(3)。

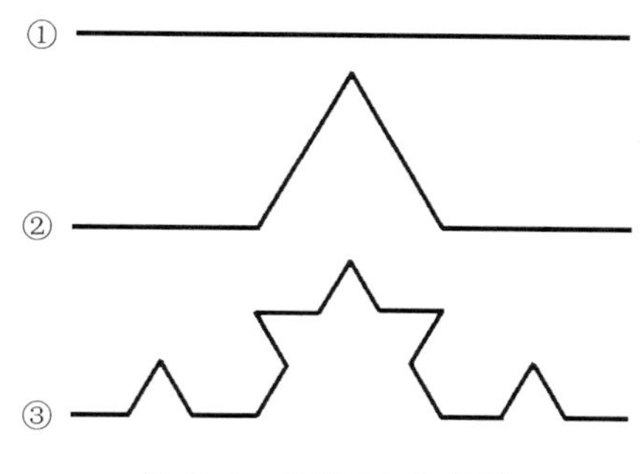

图 13.3　构造 Koch 曲线

将 3 条 Koch 曲线按正三角形 3 条边的方向组合在一起，就构成了 Koch 雪花，如图 13.4 所示。

Koch 雪花是一条首尾相接且不会自我交叉的曲线。每次变化雪花的边缘，都会使曲线的总长度增加，同时增加围住的面积，但是无限次变化雪花边缘，只会使曲线的总长度无限增加，围住的面积却是有限的，最大不会超出最初正三角形的外接圆。

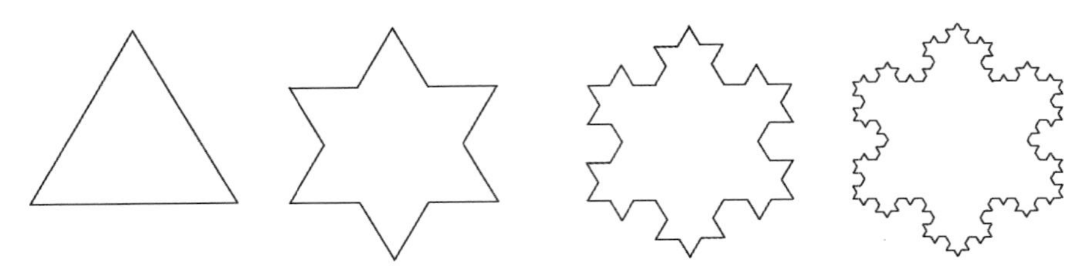

图 13.4　Koch 雪花

13.3.3　画 Koch 曲线与 Koch 雪花

根据 Koch 曲线构造方法，可以自制积木“画 step 步长的 Koch 曲线”。

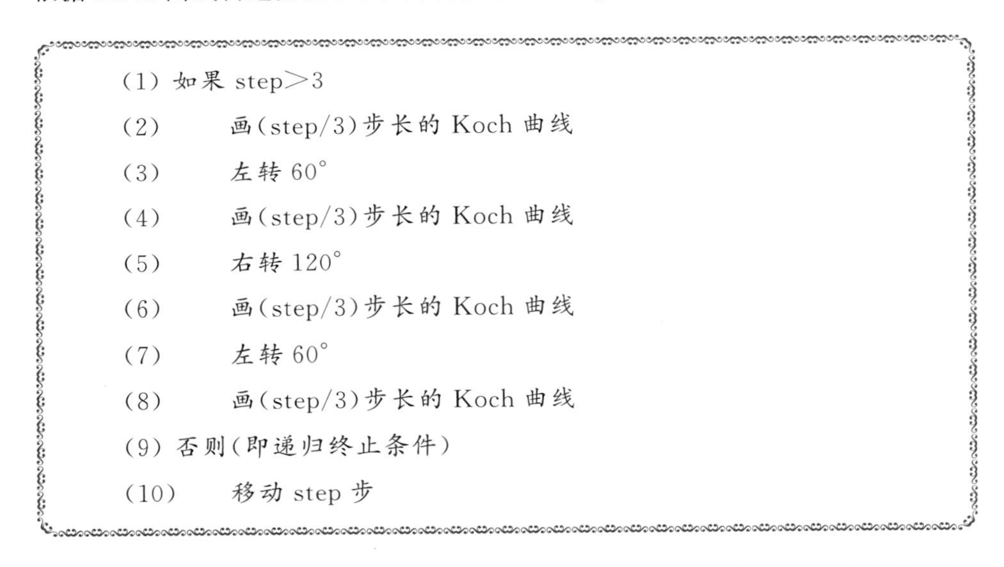

(1) 如果 step>3
(2)　　画(step/3)步长的 Koch 曲线
(3)　　左转 60°
(4)　　画(step/3)步长的 Koch 曲线
(5)　　右转 120°
(6)　　画(step/3)步长的 Koch 曲线
(7)　　左转 60°
(8)　　画(step/3)步长的 Koch 曲线
(9) 否则(即递归终止条件)
(10)　　移动 step 步

用积木“画 step 步长的 Koch 曲线”代替画正三角形时的“移动……步”，就能够画出 Koch 雪花了。请你找一下合适的起始位置和方向，画出初始参数为 300 步长的 Koch 雪花。

可以设置画 Koch 曲线的积木“运行时不刷新屏幕”，或者打开 Scratch 桌面编程器的加速模式，使得 Koch 雪花的绘制可以快速完成。

13.4　绘制 Julia 集

13.4.1　函数的迭代计算

有一个函数 $f(a)=a\times a-0.75$，我们可以从一个值 x_0 开始，让 $x_1=f(x_0)$，$x_2=f(x_1)$，$x_3=f(x_2)$，…，不断迭代计算。

当 $x_0=0.9$ 时，可以得到：

$x_1=f(0.9)=0.9\times 0.9-0.75=0.06$

$x_2=f(0.06)=0.06\times 0.06-0.75=-0.7464$

$x_3=f(-0.7464)=-0.7464\times(-0.7464)-0.75\approx-0.1929$

$x_4=f(-0.1929)=\cdots\approx-0.7128$

$x_5=f(-0.7128)=\cdots\approx-0.2419$

…

如果把迭代计算的结果 x_0、x_1、x_2、…依次标记并连线，可以看到数值会缓慢但不断地接近某个值，如图 13.5 所示。我们称这些 x_0、x_1、x_2、…组成的数列是“收敛”的。

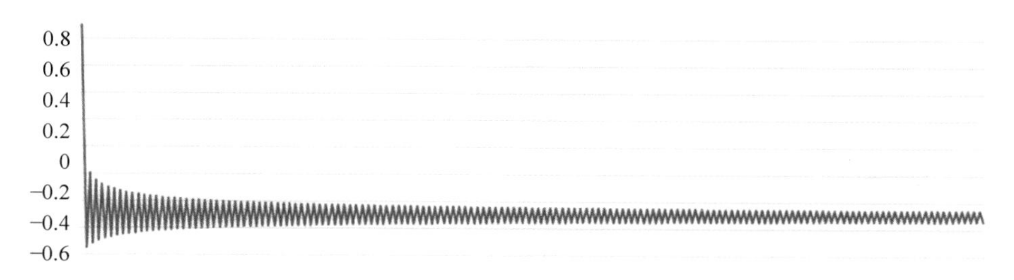

图 13.5　数值的收敛

当 $x_0=2$ 时，可以得到：

$x_1=f(2)=2\times 2-0.75=3.25$

$x_2=f(3.25)=3.25\times 3.25-0.75=9.8125$

$x_3=f(9.8125)=9.8125\times 9.8125-0.75\approx 95.535$

$x_4=f(95.535)=\cdots\approx 9126.2$

$x_5=f(9126.2)=\cdots\approx 83287819.2$

…

可以发现这些数值不断增大，趋于无穷。我们称这些 x_0、x_1、x_2、…组成的数列是“发散”的。

实际上，对于这个函数 $f(a)$ 来说，当 x_0 取值为[−1.5,1.5]（表示 $-1.5 \leqslant x_0 \leqslant 1.5$）范围内时，不断迭代计算得到的结果总是会限定在某个范围内；当 x_0 取值超出[−1.5,1.5]时，不断迭代计算的结果将趋于无穷大。

13.4.2 二元函数的迭代计算

我们把不断迭代计算的函数推广到二元的情况。让

$f(x,y)=(x^2-y^2-0.75, 2\times x\times y)$，计算

$(x_1,y_1)=(x_0^2-y_0^2-0.75, 2\times x_0\times y_0)$，

$(x_2,y_2)=(x_1^2-y_1^2-0.75, 2\times x_1\times y_1)$，

…

对于某些起始的 (x_0,y_0)，迭代计算的结果是收敛的（即 x 和 y 的值会各自逐渐接近某个值）。如果迭代计算到某个时候发现 $x_n^2-y_n^2>4$，那么再往后的计算结果一定是发散的，这时的 n 的大小可以用来衡量发散的快慢，n 小则发散快，n 大则发散慢。

将 (x_0,y_0) 看作坐标系中的点，将 n 与点的颜色相关联，会显示出怎样的一幅图像呢？

13.4.3 图像化

显然，(100,100)这一坐标值一定会使得迭代计算结果发散，所以我们只打算图像化如图 13.6 所示的坐标区域。

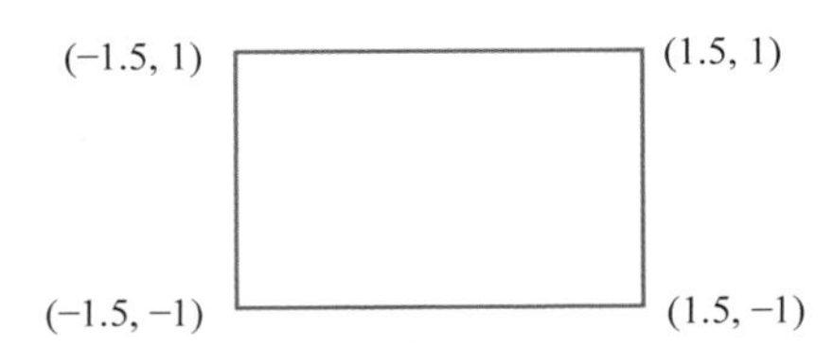

图 13.6 图像化区域

Scratch 桌面编辑器中舞台的坐标范围比图 13.6 显示的范围大很多，我们希望能够有效利用舞台的大小来显示图像，因此可以将(x_0, y_0)的坐标值放大 150 倍显示在舞台上，即用舞台上左下角为(−225，−100)右上角为(225，100)的区域来显示。或者反过来看，舞台上的某个点(x, y)，实际对应了迭代计算中的点$(x/150, y/150)$。舞台上点的颜色可以设置为 $10\times n$。对于迭代特别慢或者迭代收敛的情况，可以设定 n 不超过 100，即 100 次迭代计算后，如果 $x_{100}^2 - y_{100}^2 \leqslant 4$，则不再迭代，这时 $n=100$。

绘图的伪代码如下。

```
(1)  x =−225
(2)  重复执行，直到 x > 225
(3)      y = −150
(4)      重复执行，直到 y > 150
(5)          rx = x / 150, ry = y / 150
(6)          n = 0, res = 0
(7)          重复执行，直到 res > 4 或者 n = 100
(8)              rx2 = rx * rx, ry2 = ry * ry
(9)              res = rx2 + ry2
(10)             ry = 2 * rx * ry, rx = rx2−ry2−0.75
(11)             n 增加 1
(12)         将笔的颜色设为 n * 10，画点(x, y)
(13)         y 增加 1
(14)     x 增加 1
```

其中第(10)行的计算，要注意顺序。(想一想，为什么?)

绘图时，通过落笔再抬笔来画点；将笔的粗细设为 2，画出的图像颜色更鲜艳，如图 13.7 所示。

实际绘图时，由于计算量非常大，所以画得很慢。除了打开加速模式以外，还可以根据迭代函数的特点，来减少计算量。

观察 $f(x, y)=(x^2-y^2-0.75, 2\times x\times y)$可以发现，$(x, y)$和$(-x, -y)$的计算结果相同，因此只需要计算一半区域内的点的收敛情况，并同时画出点(x, y)和$(-x, -y)$。

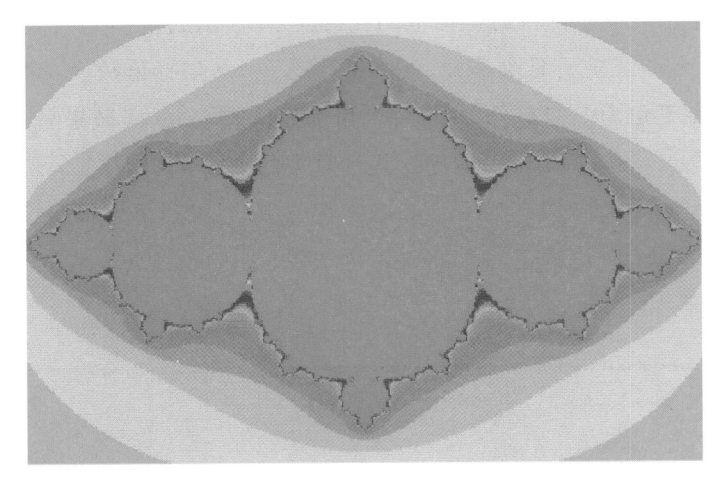

图 13.7 图形化效果

如果 x 和 y 只有一个改变符号呢？$f(x,y)$中 $x^2-y^2-0.75$ 的结果不会变，$2\times x\times y$ 的结果会改变符号。但下一次迭代计算时，结果就会相同了。因此前述伪代码中 res 和 n 的计算结果不会变。所以，只需要计算四分之一区域内的点的收敛情况，再同时画出点 (x,y)、$(-x,y)$、$(x,-y)$和$(-x,-y)$。

13.4.4 其他 Julia 集

如果把图 13.7 放大，或者说在更大的图纸上显示细节，就会更容易地发现图像的局部细节与其他部分类似，表明图 13.7 其实是一个分形的图像。实际上，这是在特定参数下“Julia 集”的图像表示。

Julia 集是指使得 $f(x,y)=(x^2-y^2+\text{re},2\times x\times y+\text{im})$不断迭代计算时不发散的那些$(x_0,y_0)$点的集合。其中，re 和 im 是具体的参数，在前面给出的迭代函数中，re$=-0.75$，im$=0$。显然 re 和 im 的取值不同，Julia 集就不同，相应的图像也不同。特别的，如果 im 等于 0，图像关于坐标轴上下对称且左右对称；如果 im 不等于 0，图像也是关于坐标中心点(0,0)对称的。

可以制作绘制 Julia 集的积木语句，显示指定计算范围内的图像。假设我们充分利用 Scratch 桌面编辑器的舞台大小，即绘图区域的左下角为(－240，－180)，右上角为(240，180)，显示的计算范围左下角为(－rangeX，－rangeY)，右上角为(rangeX， rangeY)，则显示图像的放大比例在 x 方向上为 240/rangeX，在 y 方向上为 180/rangeY。

总结一下，积木参数 re 和 im 决定不同的 Julia 集，参数 rangeX 和 rangeY 决定 Julia 集的计算显示范围。实现绘制 Julia 集的积木语句，可以在前面的程序基础上修改。另外，你可以尝试不同的颜色设置方法，会得到感观非常不同的图像结果。图 13.8～图 13.11 分别给出了一些参数设置及相应的 Julia 集图像。

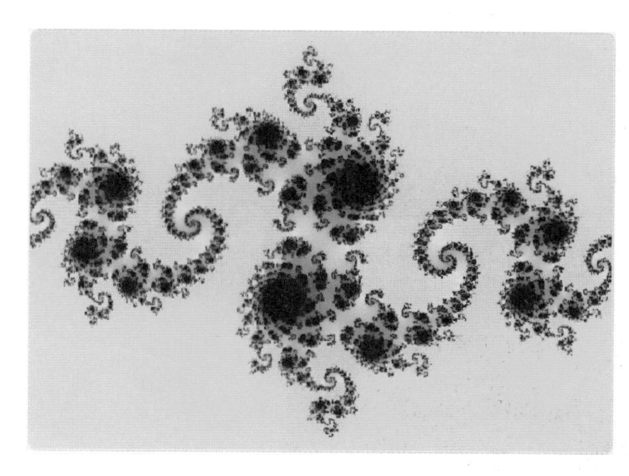

rangeX=1.2
rangeY=0.9
re=–0.8
im=0.16
笔的颜色设为n
笔的亮度设为(100–n)

图 13.8　Julia 集参数与图像 1

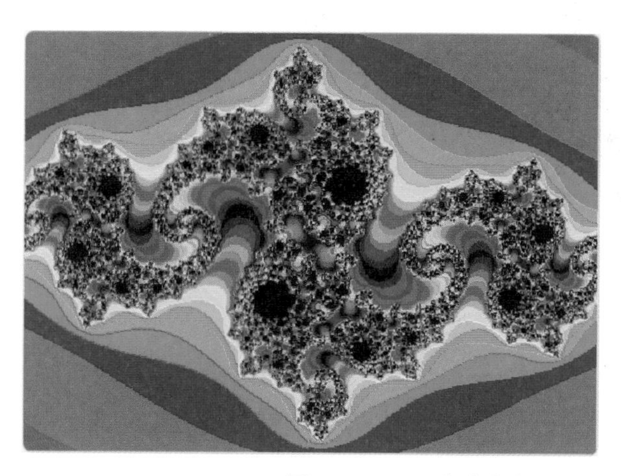

rangeX=1.2
rangeY=0.9
re=–0.8
im=0.16
笔的颜色设为($8\times n^2-200$)
笔的亮度设为($10\times n$)

图 13.9　Julia 集参数与图像 2

rangeX=1.2
rangeY=0.9
re=–0.7
im=–0.38
笔的颜色设为$(8\times n^2-200)$
笔的亮度设为$(10\times n)$

图 13.10 Julia 集参数与图像 3

rangeX=1
rangeY=1
re=0.285
im=0.01
笔的颜色设为$(8\times n^2-200)$
笔的亮度设为$(10\times n)$

图 13.11 Julia 集参数与图像 4

13.5 本章小结

递归是非常重要的程序设计方法。从本章利用递归来绘制雪花的程序能体会到，递归方法只需较少的语句就能实现非常复杂的计算。递归很重要的一个思维特点，就是把一项任务看作整体，整体的组成部分是规模较小的相同任务。在编写递归程序时，一是要注意递归终止条件，即任务规模小到一定程度时能够直接计算；二是要将递归部分的任务正确地组装完成整体任务。在这种整体视角下绘制图像,将递归任务当成一枚相对完整的图章,将第 11 章时讲过的落笔抬笔原则进一步推广到保持笔的位置和方向不变,就很容易控制部分图像拼接成整体图像了。

在画 Julia 集的任务中,遇到了一个新问题:实际计算的坐标范围与显示绘图的坐标范围不一致,要通过某种转换,才能更好地在 Scratch 舞台上绘制显示图像。由于在 Scratch 中画笔的粗细至少是 1,因此以 Scratch 舞台坐标值相差 1 的精度来绘图,就是最精细的绘制显示模式了。在绘图时,Scratch 舞台的坐标值决定了画点的位置,将 Scratch 舞台的坐标值转换成参与实际计算的坐标值,得到的计算结果决定画点的颜色,从而显示出漂亮的图像。

本章绘图涉及的计算量较大,因此最好采用加速模式;如果自制积木,设置为"运行时不刷新屏幕",也能起到相同的加速作用。

13.6 练习:绘制图像

13.6.1 绘制心形

有许多等式可用来绘制心形,例如:$x^2+\left(\frac{5y}{4}-\sqrt{|x|}\right)^2=1$,其中,$|x|$是对 x 的一种运算,称为"绝对值"。当 $x\geqslant0$ 时,$|x|=x$;当 $x<0$ 时,$|x|=-x$,即$|x|$总是大于等于 0 的。以满足该等式的(x,y)作为点的坐标,就能够形成一个心形,如图 13.12 所示。

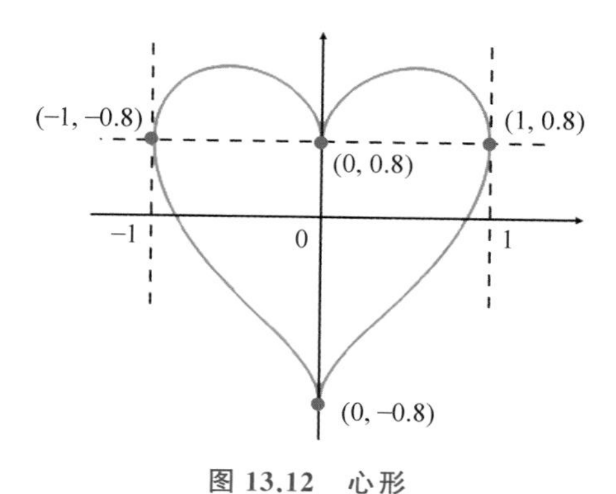

图 13.12 心形

心形的关键点坐标已经标在图上了，请你编程绘制出这个心形。

提示 1：根据等式，当 x 已知时，$y=\frac{4}{5}(\sqrt{|x|}+\sqrt{1-x^2})$ 或 $y=\frac{4}{5}(\sqrt{|x|}-\sqrt{1-x^2})$。

提示 2：等式确定的心形范围较小，应该放大绘制在 Scratch 的舞台上，例如，舞台坐标值为实际坐标值的 100 倍。

13.6.2 绘制 Mandelbrot 集

对于 Julia 集的迭代计算函数，如果固定$(x_0,y_0)=(0,0)$，那么 re 和 im 的值会如何影响迭代计算的收敛或发散特性呢？我们以(re,im)为坐标画点，用点的颜色来表示发散的速度(即迭代计算的次数 n)，就能够得到称为"Mandelbrot 集"的分形图像。请你编程绘制。

提示：如果你计算一下的话，会发现(re,im)与(re,−im)引起的发散速度是相同的，因此 Mandelbrot 集的图像关于 x 坐标轴上下对称。建议绘制时，让 re 的取值范围为[−1.5,0.5]，让 im 的取值范围为[−1,1]，这时要思考一下如何将舞台的坐标范围对应到 re 和 im 的取值范围。同时，在这样的 re 和 im 取值范围内，迭代次数 n 等于 100 的情形较多，n 小于 20 的情况也较多。

第 14 章

数列与数字谜题

你一定听过或看过这个关于数学家高斯小时候的故事吧：老师让学生们计算 1+2+3+…+100，大家都埋头苦算。有个叫高斯的小学生，想到一个巧妙的方法：1+100=101，2+99=101，…，50+51=101，一共得到 50 组 101，所以很快就能算出最终答案 5050。不过对于计算机来说，由于计算能力太强大了，所以只是这样 100 个数相加的话，直接一个一个加也非常快。对于另一些求和问题，例如：$1^2+2^2+3^2+\cdots+100^2$，你可能不知道或找不到巧算的方法，这时编程让计算机直接相加计算却很容易得到答案。本章就要通过编程让计算机用简单直接的方法来解决一些数学问题。

14.1 数列求和

14.1.1 编程思路

采用直接相加的方法来编程计算 1+2+3+…+100，需要使用两个变量，一个变量 n 表示要加的数，另一个变量 h 表示相加的和，计算过程就是将 n 依次设置为 1，2，3，…，100，同时不断将 n 加到 h 上。因此，可以设计伪代码如下。

```
(1) 将 h 设置为 0，将 n 设置为 1
(2) 重复执行，直到 n>100
(3)     将 h 增加 n
(4)     让 n 增加 1
```

让变量 n 和 h 显示在 Scratch 舞台上，运行程序就可以看到最终 $n=101$，$h=5050$。

把问题推广到更一般的情况。我们把按某种规则排列的一组数称为“数列”，数列中的每个数称为“项”，编程计算数列中若干项的和，只需让一个变量依次等于每一项，同时将它加到表示和的变量上。

14.1.2 编程练习

请你编程计算以下数列求和问题。

(1) $1+2+3+\cdots+1000$

(2) $1+3+5+\cdots+99$

(3) $1+2+4+8+\cdots+1024$

(4) $1^2+2^2+3^2+\cdots+20^2$

(5) $1\times2+2\times3+3\times4+\cdots+20\times21$

14.2 数列求项

14.2.1 问题与编程思路

你听说过“兔子数列”吗？这是一个著名的数列，更正式的名称是“斐波那契数列”，如图 14.1 所示，从第 3 项开始，数列的每一项都等于前两项的和。你能算出第 30 项是多少吗？如果尝试笔算答案，你会发现数列中的项增长非常快。

序号	1	2	3	4	5	6	7	8	9	10	…
项	1	1	2	3	5	8	13	21	34	55	…

图 14.1 斐波那契数列

如果编程来算的话，我们可以多用几个变量，如图 14.2 所示，用 n_3 表示当前项，n_2 表示前面第 1 项，用 n_1 表示前面第 2 项，那么有 $n_3=n_2+n_1$。随着要计算的当前项序号不断增加，n_2 和 n_1 所指示的项序号也相应增加，相当于这 3 个变量所指示的项的位置整体不断右移。

我们需要计算序号为 30 时的 n_3，为了编程方便，可以建立一个变量 xuhao，指示要

序号	1	2	3	4	5	6	7	8	9	10	…
项	1	1	2	3	5	8	13	21	34	55	…

（框：n_1 n_2 n_3 对应序号 1、2、3）

序号	1	2	3	4	5	6	7	8	9	10	…
项	1	1	2	3	5	8	13	21	34	55	…

（框：n_1 n_2 n_3 对应序号 2、3、4）

序号	1	2	3	4	5	6	7	8	9	10	…
项	1	1	2	3	5	8	13	21	34	55	…

（框：n_1 n_2 n_3 对应序号 4、5、6）

图 14.2　用变量表示项

计算的项的序号。编程的思路如下。

(1) 初始时，设置 xuhao=3，$n_2=1$，$n_1=1$

(2) 重复计算，直到 xuhao>30

(3) 　　计算 $n_3=n_2+n_1$

(4) 　　让 xuhao 增加 1

(5) 　　更新 n_1

(6) 　　更新 n_2

注意，第(5)步和第(6)步用来更新 n_1 和 n_2，但两者的先后顺序不能弄反。结合图 14.3，想一想为什么。

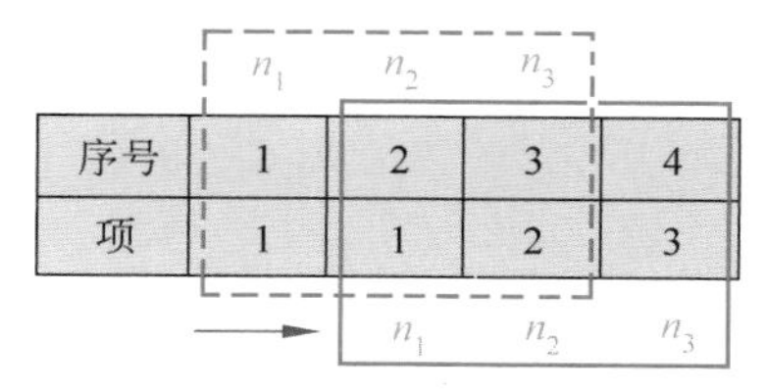

图 14.3　更新 n_1 和 n_2

14.2.2 编程练习

请你编程计算图 14.4 中各个数列的第 30 项各是多少？各个数列第几项的值刚好大于 5000？前 50 项的和各是多少？

序号	1	2	3	4	5	6	7	8	9	10	…
序列1	1	4	7	10	13	16	19	22	25	28	…
序列2	1	2	4	8	16	32	64	128	256	512	…
序列3	1	3	6	10	15	21	28	36	45	55	…

图 14.4 几个数列

14.3 数字谜题

14.3.1 六位整数问题

问题：已知一个六位整数 1082□□能被 23 整除，那么末尾的两位数可能取值是多少？

很多小朋友会用除法算式来尝试，能够得到答案。那用计算机编程的方法，如何计算呢？思路是这样的：让末尾的两位数依次从 0 开始一直增长到 99，对于每一个值，计算并测试是否满足题目要求的条件，即是否能够被 23 整除，伪代码如下。

```
(1) 设置变量 n=0
(2) 重复执行，直到 n>100
(3)     如果(108200+n)除以 23 的余数为 0
(4)         找到一个答案 n
(5)     让 n 增加 1
```

这个问题的答案有多个，怎样显示多个答案呢？一个可用的工具是“列表”。

在“变量”类别的积木中，就像新建变量一样，可以选择“建立一个列表”。如果我们给新建的列表命名为“答案”，在积木区中就会出现如图 14.5 所示的许多列表相关的积木语句。

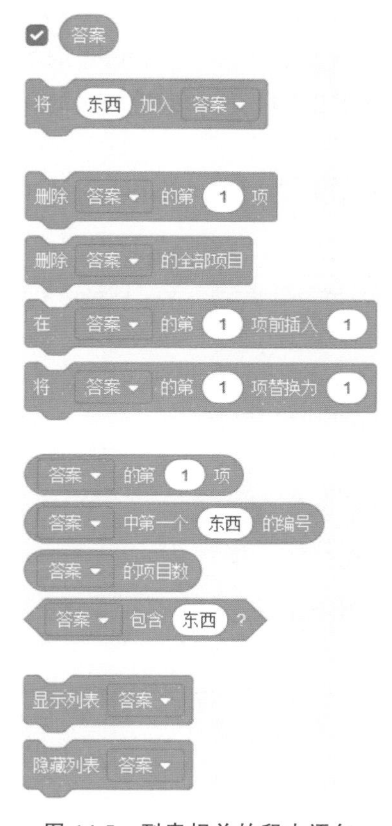

图 14.5　列表相关的积木语句

列表其实就是一个数列，只不过一开始时，这个数列中没有项，可以用 将 东西 加入 答案 将新的项加入列表，所以伪代码第(4)行可以改为“将 n 加入答案列表”。这样运行程序就会在列表中看到所有的答案了。

为了能够反复运行程序获得正确答案，可以在真正计算之前用 删除 答案 的全部项目 来清空列表中的已有数据。

14.3.2　两数相乘问题

问题：一个三位数与一个两位数的积是 11111，你知道这两个数分别是多少吗？

我们知道，所有的三位数是从 100 到 999，所有的两位数是从 10 到 99，对于每一种可能的组合，计算一下两者的积，看结果是否是 11111 就能知道问题中的两个数分别是多少了。也就是说，如果用变量 x 表示三位数，变量 y 表示两位数，那么

当 $x=100$ 时，让 y 分别等于 10、11、…、99，看两者的积是否是 11111。

当 $x=101$ 时，让 y 分别等于 10、11、…、99，看两者的积是否是 11111。

…

当 $x=999$ 时，让 y 分别等于 10、11、…、99，看两者的积是否是 11111。

因此，编程思路如下。

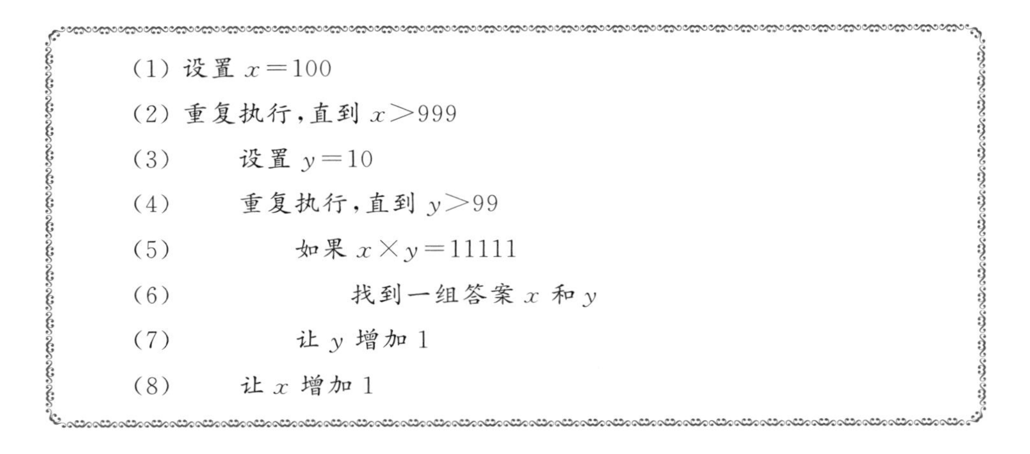

```
(1) 设置 x=100
(2) 重复执行，直到 x>999
(3)     设置 y=10
(4)     重复执行，直到 y>99
(5)         如果 x×y=11111
(6)             找到一组答案 x 和 y
(7)         让 y 增加 1
(8)     让 x 增加 1
```

14.3.3 编程练习

问题 1：已知一个八位数 615□31□9 既是 9 的倍数，又是 11 的倍数，那么这个八位数是多少？

问题 2：如图 14.6 所示，有一个残缺的乘法算式，现在知道其中一个位置上的数字为

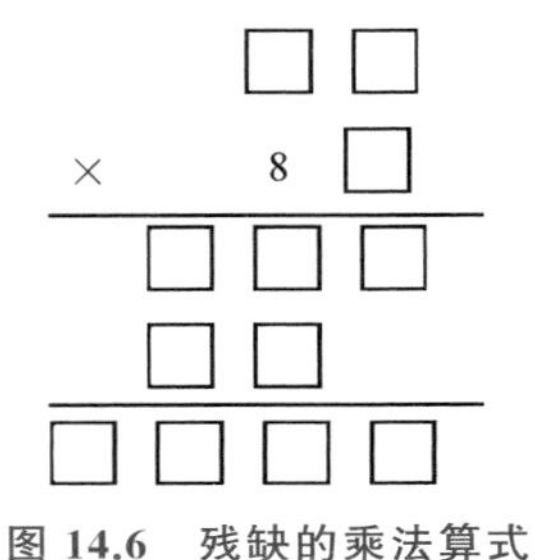

图 14.6 残缺的乘法算式

8,请问这个算式的结果是多少？

14.4　本章小结

本章通过编程来让计算机解决一些数学问题。我们把能够在有限时间内解决特定问题的一系列明确的指令称为“算法”。本章解决数学问题的算法看起来“很简单很笨”,对于数列问题,只是依据数列的规律计算每一项,或者按题意直接用数列项进行计算;对于数字谜题,更是抛开运算特点与技巧,直接“暴力”地尝试计算所有可能情况。然而,这样的算法能够充分发挥计算机运算速度快、不怕重复枯燥工作的优点,使计算机成为我们解决问题的好帮手,或者说这样的算法不适合人但适合计算机来解决问题。对于编程任务来说,往往只要在限定的运行时间和存储空间内能够正确解决问题,就算是出色完成任务。在时间、空间、正确性的限制条件下,逻辑简单的算法往往更容易编程实现,也更容易被其他人理解,从而更便于程序的维护。本章解决数学谜题的算法思想称为“枚举”,是最重要的算法思想之一。枚举的思想精髓就是无遗漏地尝试所有可能的答案,从中发现正确的解答。

本章用到了列表。普通的变量只能存储一个值,而列表可以动态地存储多个值,而且这多个值共享一个列表的变量名称,只是各个值在列表中的序号不同。也就是说,利用列表,我们可以通过编程来操作不定数量的变量,而不必为每个变量单独命名。在编程模式下,当列表显示在 Scratch 舞台上时,可以用鼠标直接对列表进行编辑,包括改变列表显示区域的大小,增减修改数据项,还能够直接将列表中的数据 export(批量导出)到文本文件中,或者从文本文件中 import(批量导入)数据。例如,老师有学校所有学生的姓名数据,将这些姓名批量导入到列表中,就能够编程查找有没有学生姓名相同。

14.2 节根据数列中各项的关系,从已知的项,逐步计算后续的项,称为递推。如果利用列表的话,将数列的项与列表的项一一对应,很容易控制循环变量的值。

14.5　练习:解决问题

14.5.1　数表

请将从 5 开始的连续自然数按规律填入如图 14.7 所示的数表中,请问:

（1）213 应该排在第几列？

（2）第 3 行第 100 列的数是多少？

第1列	第2列	第3列	第4列	…
5	9	13	17	…
6	10	14	18	…
7	11	15	19	…
8	12	16	20	…

图 14.7 数表

14.5.2 两数相乘

对于 14.3.2 节的两数相乘问题，有另一种解题思路：让 x 逐步从 100 变到 999，看 11111 除以 x 的结果是不是整数（即余数为 0），并且商是一个两位数（大于 9 并且小于 100）。这一思路同样是枚举的方法，但比前面的方法计算起来更快。请你根据这一思路来编程解题。

14.5.3 和与积

已知两个正整数 A 和 B 满足 $A+B=18$，请问当 A 和 B 各等于多少时，$A\times A\times B$ 的结果最大？

提示：我们可能需要三个变量 max、maxA 和 maxB，分别用来保存计算过程中得到的最大的乘积，以及这时 A 和 B 的值。

第 15 章

整除与质数

整除是小学数学中一个重要的概念。对于两个整数 a 和 b，如果 $a \div b$ 余数为 0，就称 a 能被 b 整除，a 是 b 的倍数，b 是 a 的约数。在前面的学习过程中，用过（ ）除以（ ）的余数这一积木语句了，通过判断这一积木语句的结果是否为 0，就可以知道是否整除。如果一个大于 1 的自然数只能被 1 和自身整除，就称这个自然数为质数（也称为“素数”），否则称为“合数”。本章要通过编程来解决一些与整除、质数有关的问题。

15.1 整除计数

15.1.1 小试牛刀

问题：在 1～100 的自然数中，

(1) 能被 5 整除的数有多少个？

(2) 能被 3 整除的数有多少个？

(3) 能被 3 和 5 整除的数有多少个？

(4) 能被 3 或 5 整除的数有多少个？

(5) 不能被 3 整除也不能被 5 整除的数有多少个？

这个问题很简单，以第(1)问为例，思路如下。

(1) 建立变量 count 用于计数，初始值为 0

(2) 建立变量 n，初始值为 1

(3) 重复，直到 n 大于 100

```
(4)      如果 n 除以 5 的余数是 0
(5)          让 count 增加 1
(6)      让 n 增加 1
```

运行程序,查看变量 count 的值就得到结果了。

请你编程解决其他几个小问题。

15.1.2 编程练习

已知 1,2,3,…,n 中,至少满足下面两个条件之一的数共有 36 个。

条件 1:是 5 的倍数。

条件 2:既不是 3 的倍数,也不是 4 的倍数。

问 n 是多少?

请你编程解决这个问题。

15.2 判断质数

15.2.1 基本方法

根据质数的定义,一个质数只能被 1 和自身整除,因此判断某个大于 1 的整数 n 是否为质数,需要依次检查 n 是否能够被 2,3,…,$n-1$ 整除。如果都不能整除,那么 n 就是质数。据此,伪代码如下。

```
(1) 建立变量 prime 表示 n 是否为质数,初始值为 1
(2) 建立变量 i,初始值为 2
(3) 重复执行,直到 prime 等于 0,或者 i 等于 n
(4)      如果 n 除以 i 的余数是 0
```

(5)　　　　将 prime 设置为 0
(6)　　让 i 增加 1

运行程序，如果 prime 结果为 1，那么 n 就是质数。

可以把判断 n 是否为质数的功能制作成积木。使用该自制积木后，变量 prime 的值指示了检测结果。

15.2.2　加速测试

问题：1234567777777 是不是质数？如果不是质数的话，除了 1 以外，最小的约数是多少？

虽然 1234567777777 这个数看起来很大，不过运行前面的程序能够立即得到结果：它不是质数。程序执行完成时，变量 i 的值为 500，表明最小的约数是 499。

但是，如果这个数真是质数的话，程序将会运行很久。你可以把前面伪代码第(3)行中 prime 等于 0 的条件去掉，这样即使已经找到一个约数，也会继续进行后续的除法测试。你可以在舞台上显示变量 i 的值，通过观察 i 值的变化来了解程序运行进度。即使打开加速模式，程序运行也不会明显加快[①]。

当要判断的数非常大时，程序需要做许多次除法测试，想要减少程序运行时间，最好是能够减少除法次数。考虑到如果 a 是 b 的约数，那么 b/a 也是 b 的约数，a 和 b/a 两个数中小的那一个会先被用于进行除法测试，而另一个大的可以不必再测试了。因此对质数 n 的除法测试只需要进行到不超过 n 的平方根即可。也就是说，如果 $x^2 \leqslant n$ 并且 $(x+1)^2 > n$，那么只需要依次测试 $2,3,\cdots,x$ 即可。所以，前述伪代码第(3)行可以修改并实现为

或者实现为

① 为了更好地显示动画效果，Scratch 舞台会频繁地刷新屏幕，不断显示舞台变化，这是很耗时的工作。加速模式通过降低刷新频率来减少工作量，设置自制积木“运行时不刷新屏幕”也是这一原理。我们判断质数的程序不涉及舞台变化，所以加速模式没有明显效果。

这样修改后，即使去掉 prime 等于 0 的条件，稍等一会儿也能够看到程序执行完毕。

能不能更快地完成质数的判断呢？有的小朋友可能已经想到了：如果 2 不是 n 的约数，那么 4，6，8，…一定也不是 n 的约数；如果 3 不是 n 的约数，那么 6，9，12，…一定也不是 n 的约数。也就是说，如果数 a 不是 n 的约数，那么 a 的任意倍数肯定也不是 n 的约数。所以，实际上只要测试所有互相不是倍数的那些可能的 a 是否是 n 的约数就可以了。显然，这些用于测试的数是 2，3，5，7，11，…这些质数。

结合前面的分析，只要测试那些不超过 n 的平方根的质数是否是 n 的约数就可以了。

15.3 筛法求质数

怎样可以得到不超过某个数值范围内的所有质数呢？当然，可以利用前面判断质数的方法，一个数一个数地去检测，不过这样的方法计算量很大。我们来学习一种可快速得到某个范围内所有质数的算法——筛法。

15.3.1 筛法操作

以得到[2，60]范围内所有质数为例，按以下步骤依次进行。

(1) 列出范围内所有的数，如图 15.1 所示，想象把所有的数放在一个筛子上。

	2	3	4	5	6	7	8	9	10
11	12	13	14	15	16	17	18	19	20
21	22	23	24	25	26	27	28	29	30
31	32	33	34	35	36	37	38	39	40
41	42	43	44	45	46	47	48	49	50
51	52	53	54	55	56	57	58	59	60

图 15.1 筛法求质数步骤 1

（2）从 2 开始，保留 2，删掉之后所有 2 的倍数，如图 15.2 所示，想象 4,6,8,⋯从筛子孔里漏下去了，筛子中留有 2,3,5,7,⋯。

	2	3	~~4~~	5	~~6~~	7	~~8~~	9	~~10~~
11	~~12~~	13	~~14~~	15	~~16~~	17	~~18~~	19	~~20~~
21	~~22~~	23	~~24~~	25	~~26~~	27	~~28~~	29	~~30~~
31	~~32~~	33	~~34~~	35	~~36~~	37	~~38~~	39	~~40~~
41	~~42~~	43	~~44~~	45	~~46~~	47	~~48~~	49	~~50~~
51	~~52~~	53	~~54~~	55	~~56~~	57	~~58~~	59	~~60~~

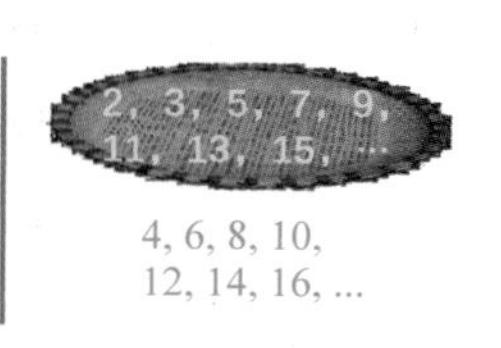

图 15.2　筛法求质数步骤 2

（3）从 3 开始，保留 3，删掉之后所有 3 的倍数，即 6,9,12,⋯。由于 6,12,⋯已经被删掉，所以实际删掉的数如图 15.3 所示，想象 9,15,21,⋯从筛子孔里漏下去了。

	2	3	~~4~~	5	~~6~~	7	~~8~~	~~9~~	~~10~~
11	~~12~~	13	~~14~~	~~15~~	~~16~~	17	~~18~~	19	~~20~~
~~21~~	~~22~~	23	~~24~~	25	~~26~~	~~27~~	~~28~~	29	~~30~~
31	~~32~~	~~33~~	~~34~~	35	~~36~~	37	~~38~~	~~39~~	~~40~~
41	~~42~~	43	~~44~~	~~45~~	~~46~~	47	~~48~~	49	~~50~~
~~51~~	~~52~~	53	~~54~~	55	~~56~~	~~57~~	~~58~~	59	~~60~~

图 15.3　筛法求质数步骤 3

（4）4 已经删掉了，不需要进一步的操作，如图 15.4 所示。

	2	3	~~4~~	5	~~6~~	7	~~8~~	~~9~~	~~10~~
11	~~12~~	13	~~14~~	~~15~~	~~16~~	17	~~18~~	19	~~20~~
~~21~~	~~22~~	23	~~24~~	25	~~26~~	~~27~~	~~28~~	29	~~30~~
31	~~32~~	~~33~~	~~34~~	35	~~36~~	37	~~38~~	~~39~~	~~40~~
41	~~42~~	43	~~44~~	~~45~~	~~46~~	47	~~48~~	49	~~50~~
~~51~~	~~52~~	53	~~54~~	55	~~56~~	~~57~~	~~58~~	59	~~60~~

图 15.4　筛法求质数步骤 4

(5) 从 5 开始,保留 5,删掉之后所有 5 的倍数,即 10,15,20,…。由于 10,15,20,…已经被删掉,所以实际删掉的数如图 15.5 所示,想象 25,35,55 从筛子孔里漏下去了。

	2	3	~~4~~	5	~~6~~	7	~~8~~	~~9~~	~~10~~
11	~~12~~	13	~~14~~	~~15~~	~~16~~	17	~~18~~	19	~~20~~
~~21~~	~~22~~	23	~~24~~	~~25~~	~~26~~	~~27~~	~~28~~	29	~~30~~
31	~~32~~	~~33~~	~~34~~	~~35~~	~~36~~	37	~~38~~	~~39~~	~~40~~
41	~~42~~	43	~~44~~	~~45~~	~~46~~	47	~~48~~	49	~~50~~
~~51~~	~~52~~	53	~~54~~	~~55~~	~~56~~	~~57~~	~~58~~	59	~~60~~

图 15.5 筛法求质数步骤 5

(6) 6 已经删掉了,不需要进一步的操作,如图 15.6 所示。

	2	3	~~4~~	5	~~6~~	7	~~8~~	~~9~~	~~10~~
11	~~12~~	13	~~14~~	~~15~~	~~16~~	17	~~18~~	19	~~20~~
~~21~~	~~22~~	23	~~24~~	~~25~~	~~26~~	~~27~~	~~28~~	29	~~30~~
31	~~32~~	~~33~~	~~34~~	~~35~~	~~36~~	37	~~38~~	~~39~~	~~40~~
41	~~42~~	43	~~44~~	~~45~~	~~46~~	47	~~48~~	49	~~50~~
~~51~~	~~52~~	53	~~54~~	~~55~~	~~56~~	~~57~~	~~58~~	59	~~60~~

图 15.6 筛法求质数步骤 6

(7) 从 7 开始,保留 7,删掉之后所有 7 的倍数,即 14,21,28,…。由于 14,21,28,…已经被删掉,所以实际删掉的数如图 15.7 所示,只有 49,想象从筛子孔里只漏下 49 一个数。

	2	3	~~4~~	5	~~6~~	7	~~8~~	~~9~~	~~10~~
11	~~12~~	13	~~14~~	~~15~~	~~16~~	17	~~18~~	19	~~20~~
~~21~~	~~22~~	23	~~24~~	~~25~~	~~26~~	~~27~~	~~28~~	29	~~30~~
31	~~32~~	~~33~~	~~34~~	~~35~~	~~36~~	37	~~38~~	~~39~~	~~40~~
41	~~42~~	43	~~44~~	~~45~~	~~46~~	47	~~48~~	~~49~~	~~50~~
~~51~~	~~52~~	53	~~54~~	~~55~~	~~56~~	~~57~~	~~58~~	59	~~60~~

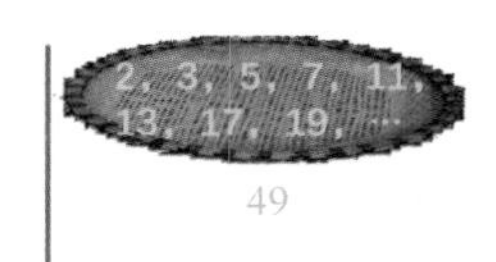

图 15.7 筛法求质数步骤 7

至此，[2,60]范围内的质数已经全部得到，即图 15.7 中那些没有被删掉的数：2，3，5，7，11，13，17，19，23，29，31，37，41，43，47，53，59。

15.3.2 筛法实现

从前面的筛法操作可以看到，筛法不断删掉[2，n]范围中某些数的倍数，即不断删掉某些合数，最终只留下质数。删除合数的操作是一轮一轮进行的，首先从 2 这个最小的质数开始，每一轮依次考虑下一个数。如果下一个数已被删掉，说明是合数，不必进行进一步的删除操作；否则是质数，假设是 p，那么就以 p 为间隔大小，不断删除后面的数，即删除 $2p$，$3p$，$4p$，…，直到超出 n。对范围内最大的数 n 来说，如果它是合数，那么它会在除 1 以外最小的约数（一定是质数）那一轮被删掉，因此与前面判断质数时的情况类似，删除操作只需要进行到刚好不超过 n 的平方根那一轮就足够了。

可以整理出筛法求质数的算法伪代码如下。

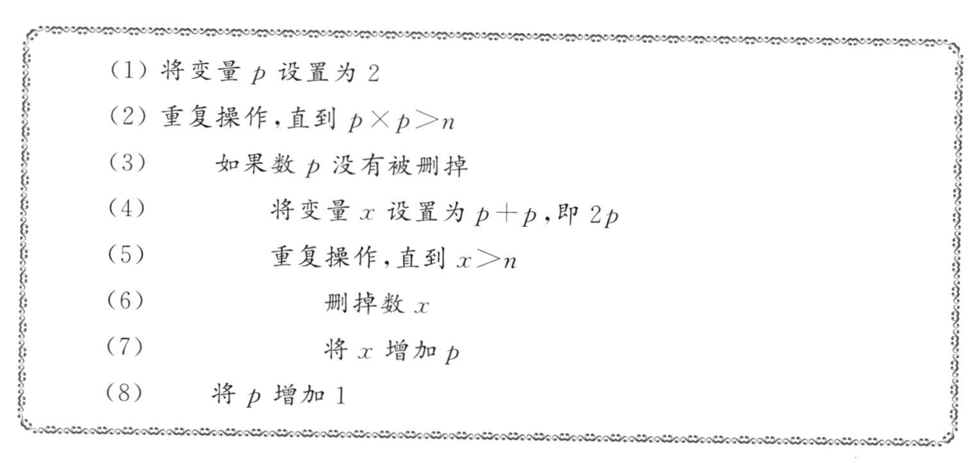

```
(1) 将变量 p 设置为 2
(2) 重复操作，直到 p×p>n
(3)     如果数 p 没有被删掉
(4)         将变量 x 设置为 p+p，即 2p
(5)         重复操作，直到 x>n
(6)             删掉数 x
(7)             将 x 增加 p
(8)     将 p 增加 1
```

这段伪代码有些小问题，变量 p 和变量 x 是程序中的东西，数 p 和数 x 是[2，n]中的数，删掉数 x、判断数 p 是否已被删掉该如何实现？能否像图 15.1～图 15.7 那样，有一张表来标记每个数是否已被删掉呢？正好可以用第 14 章介绍的列表。

可以用长度为 n 的列表来表示[2，n]范围内所有的数，列表的第 i 项就应对数 i（列表第 1 项空着不用），第 i 项的值为 0 时，表示数 i 被删除了，第 i 项的值为 1 时，表示数 i 还留着。这样，上述伪代码就可以细化为：

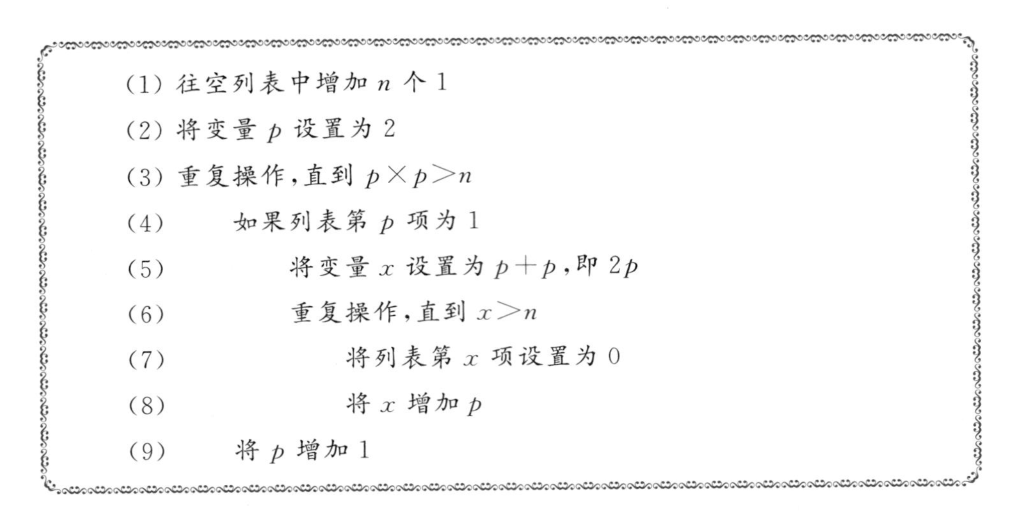

(1) 往空列表中增加 n 个 1

(2) 将变量 p 设置为 2

(3) 重复操作,直到 $p \times p > n$

(4) 　　如果列表第 p 项为 1

(5) 　　　　将变量 x 设置为 $p+p$,即 $2p$

(6) 　　　　重复操作,直到 $x > n$

(7) 　　　　　　将列表第 x 项设置为 0

(8) 　　　　　　将 x 增加 p

(9) 　　将 p 增加 1

图 15.8 是相应的程序,供参考。

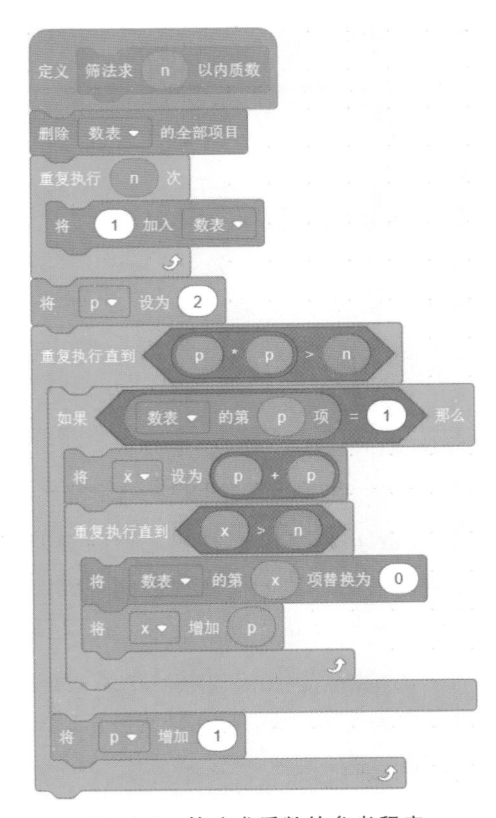

图 15.8　筛法求质数的参考程序

如果仔细研究图 15.3、图 15.5、图 15.7 可以发现，虽然试图删掉 $2p, 3p, 4p, \cdots$，但有些数在更早的时候已经被删掉，实际删掉的第一个数一定是 p^2，因此前述伪代码中变量 x 的初始值可设置为 $p \times p$。

15.3.3 显示质数表

通过筛法计算，我们得到了$[2,n]$范围内的所有质数，不过这些质数只是被标记在列表中，并非直接表示在某个变量或列表中。

可以依次查看列表中每一个值（称为“遍历”），如果发现质数的标记，就把相应的质数放到另一个列表中，如图 15.9 所示。

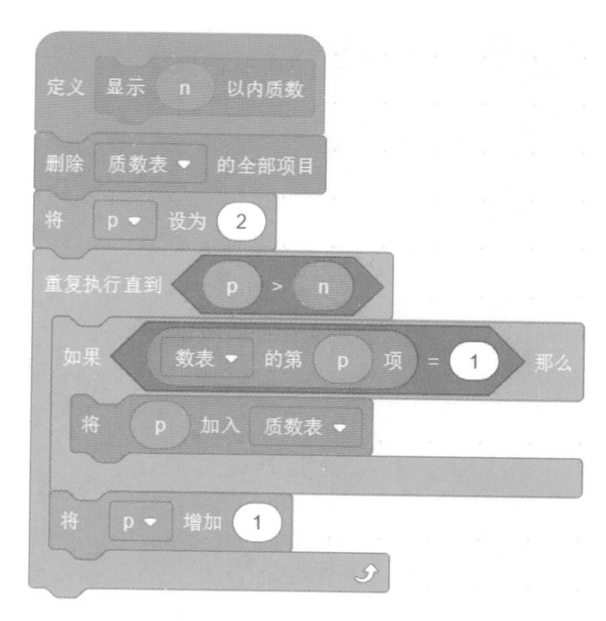

图 15.9　得到质数表

我们还可以让角色说出$[2,n]$范围内所有的质数，这需要用到（连接（ ）和（ ））。这一积木语句的两个参数都被看作文本，在程序设计中常被称为“字符串”。字符串，顾名思义，就是字符连接成的串，可以看到，在积木区中这块积木的下面还有几块与字符串中的字符相关的积木语句，可以自己尝试用一下。对于（连接（ ）和（ ））来说，如果放在参数位置的是数值，该数值也会被自动转换成字符串，因此可以像如图 15.10 所示那样，拼接所有的质数，然后让角色说出来。请注意图 15.10 中的注释，第一个空白参数处没有任何内容,但第二个空白参数处其实有一个空格。

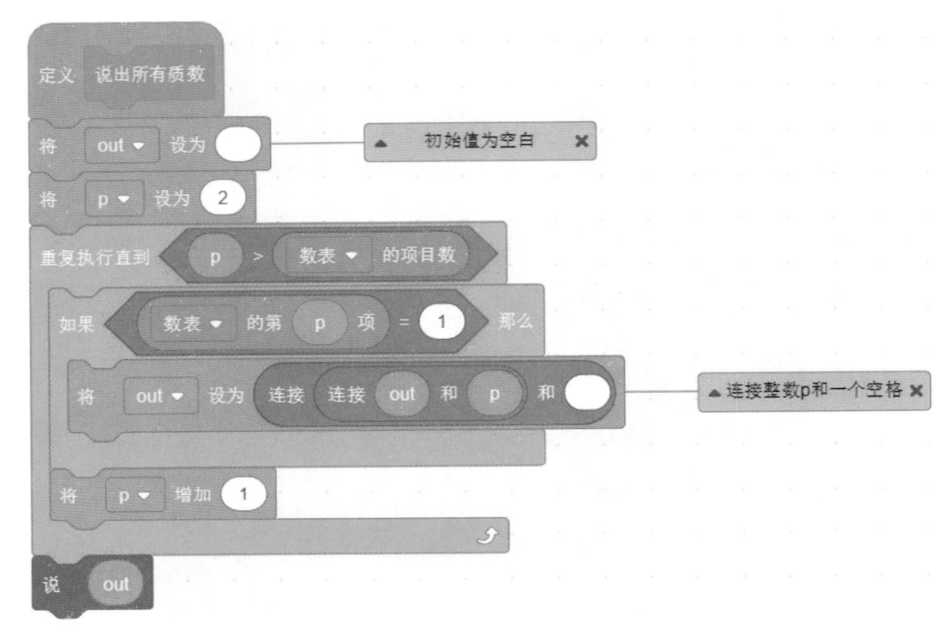

图 15.10　说出质数表

请你思考一下,如何计算[2,300]范围内所有质数的和?

15.4　本章小结

本章在解决问题时用到了枚举的思想和整除的概念。判断一个数是否是质数,可以根据质数的定义来做,这种方法称为“试除法”。虽然试除只需进行到不超过 n 的平方根即可,但如果 n 非常非常大,试除法就不够实用了。有一些更快的判断质数的方法,但涉及更多的数学知识。如果求某个范围内的所有质数,筛法是非常好的方法。本章介绍的筛法据说是古希腊人发明的,另外还有进一步改进的筛法,计算起来更快。

本章的图示程序中演示了列表和字符串的一些用法,希望你能够试用并掌握相关的积木语句。

15.5 练习：解决问题

15.5.1 分组问题

植树节到了，某市举行大型植树活动，共有 1430 人参加。现在要把所有人分成人数相等的若干支队伍，每支队伍的人数在[100,200]范围内，共有多少种分法？（提示：可以查找 1430 的某个约数，其大小在[100,200]范围内。）

15.5.2 鸡兔同笼问题

有若干只鸡和兔子关在同一个笼子中，已知鸡和兔子的总数为 200 只，所有鸡的脚比所有兔子的脚总数少 56，问鸡和兔子各有多少只。

15.5.3 韩信点兵

大将军韩信带领 1500 名士兵打仗，战后统计阵亡的士兵超过了 300 名，但不到 500 名。韩信让剩下的士兵站成 3 人一排，则多出 2 人；站成 5 人一排，则多出 3 人；站成 7 人一排，则多出 4 人。你知道还剩下多少士兵吗？

第16章

控制输赢比例

你见过商场里的抓娃娃机吗?你可能还玩过吧。玩家控制一个机械爪移动到想抓的娃娃上方,然后让机械爪降下来,自动抓起下面的娃娃,再向出口移动。通常情况下,即使抓起了娃娃,机械爪也会剧烈地抖动一下,让娃娃掉下去。不过有时候机械爪会抓得很紧不放松,剧烈抖动时娃娃不会掉,安全到达出口。通常十几次中,会有一次机械爪紧紧抓住娃娃的情况,所以有的人就等在抓娃娃机旁边,看别人连着十多次都没有遇到机械爪抓紧娃娃的情况,再自己去抓几次,较容易抓到娃娃。其实机械爪用力大小是受计算机控制的。本章就来学习如何控制游戏输赢的比例。

16.1 输赢比例

我们在第6章中实现了沙滩赛跑的游戏。在游戏中,角色Hare和Rabbit每一步的移动距离是1~10的一个随机数。由于两个角色从起点到终点要跑的距离是相等的,跑步的方法也完全一样,所以两者赢的可能性是相等的。或者说,两者赢得比赛胜利的可能性为1∶1。

问题来了,如果我们想控制比赛结果,让Hare赢的机会更大一些,例如,控制赢得比赛的可能性为Hare∶Rabbit=2∶1。也就是说,平均来看,每跑3局,Hare会赢2局,Rabbit会赢1局。该如何编程实现呢?

你有什么思路吗?Hare想赢得多一些,当然就要让Hare跑得比原先快一些。原先每一步的移动距离是1~10的一个随机数,如果改变随机数的范围,例如改为3~10的一个随机数,或者1~15的一个随机数,或者3~12的一个随机数,……会怎么样呢?

你可以试一试,看看Hare是不是真的有更多机会赢。但是这时,Hare赢的可能性究竟有多大呢?

16.2 模拟比赛

我们把控制输赢比例的问题放一下,先来计算特定参数条件下的输赢比例:假设从起点到终点的距离为 300,Hare 跑步的随机数范围是[1,12],Rabbit 跑步的随机数范围是[1,10]。问:Hare 获胜的可能性是百分之多少?或者换个说法,平均每一百场比赛中,Hare 能够赢多少场?

这个问题的答案是可以计算出来的,不过要用到比较高深的数学知识。当然,我们也可以采用最朴素的方法:根据参数实现程序,然后每运行一次程序(即进行一次比赛),就记录下比赛输赢结果。运行 100 次后,统计输赢比例。我们还可以调整程序,直接进行 100 次比赛,让程序自动统计 Hare 赢了多少次。

16.2.1 程序设计

由于只关心比赛输赢结果,不需要看角色一步一步往前跑的动画,因此模拟多次比赛的程序可以设计如下。

1. 初始化

(1) 设置 Hare 累计赢的次数 HareWin 为 0。

(2) 设置 Rabbit 累计赢的次数 RabbitWin 为 0。

2. 重复执行 100 次

(1) 进行一次比赛。

(2) 如果 Hare 赢了,HareWin 增加 1。

(3) 如果 Rabbit 赢了,RabbitWin 增加 1。

其中,对于每一次比赛,可以进一步细化设计如下。

1. 初始化

(1) 设置 Hare 已跑的距离为 0。

(2) 设置 Rabbit 已跑的距离为 0。

2. 重复执行,直到有人跑到终点了

(1) Hare 已跑的距离增加[1,12]范围内的随机数。

(2) Rabbit 已跑的距离增加[1,10]范围内的随机数。

其中,所谓“有人跑到终点了”,是指

(Hare 已跑的距离≥300)或(Rabbit 已跑的距离≥300)

在 Scratch 的运算类积木中没有“A≥B”,要表示“A≥B”需要用“A＞B 或 A＝B”,或者用“(A＜B)不成立”。因此,“有人跑到终点了”的条件可表示为

((Hare 已跑的距离＜300)不成立)或者((Rabbit 已跑的距离＜300)不成立)

或者表示为

((Hare 已跑的距离＜300)与(Rabbit 已跑的距离＜300))不成立

如果考虑到 Hare 和 Rabbit 两者每一步都是某个随机整数,那么“有人跑到终点了”的条件也可表示为

(Hare 已跑的距离＞299)或(Rabbit 已跑的距离＞299)

请你编程实现这个程序。

16.2.2 输赢统计

我们来运行一下这个模拟多次比赛的程序。表 16.1 是 10 次运行程序的结果记录。

表 16.1 多次运行程序并记录结果

序号	1	2	3	4	5	6	7	8	9	10
HareWin	95	94	95	93	92	95	93	92	91	93
RabbitWin	5	2	2	3	4	4	2	5	5	6

观察表格中的数据,请你思考:

(1) 为什么每次程序运行结果会不同?

(2) 为什么 HareWin 和 RabbitWin 之和会出现小于 100 的情形?实际上在表 16.1 中,只有一次的程序运行结果两者之和为 100。

(3) 怎么计算平均每一百场比赛中,Hare 能够赢多少场?

由于程序模拟比赛时,是让 Hare 和 Rabbit 同时跑一步,然后再看是否有人到达终点,因此有可能两者都跑到终点了(虽然这时两者超过终点线的距离仍可能不一样),这时无法确定谁赢。换个角度来说,在程序中,“如果 Hare 赢了,HareWin 增加 1”应该实现为:

如果(Rabbit 已跑的距离＜300)那么 HareWin 增加 1

相应地，“如果 Rabbit 赢了，RabbitWin 增加 1”实现为：

如果(Hare 已跑的距离＜300)那么 RabbitWin 增加 1

如果两个条件都不满足，说明两者都到终点了，HareWin 和 RabbitWin 都不会增加。

还有一个小问题，在前面的程序中，Hare 和 Rabbit 每次随机前进的距离是一个随机整数，这是因为 Scratch 中生成随机数的积木语句效果与参数有关。如果两个参数都是整数，得到的随机数也是整数。我们可以修改参数，让 Hare 每一步跑的距离为[1.0,12.0]范围内的随机数，Rabbit 每一步跑的距离为[1.0,10.0]范围内的随机数。这样修改后，由于每一步跑的距离精度更高，对程序运行结果有一定影响。请你自己验证一下。

图 16.1 是模拟 100 次比赛的程序，供你参考。

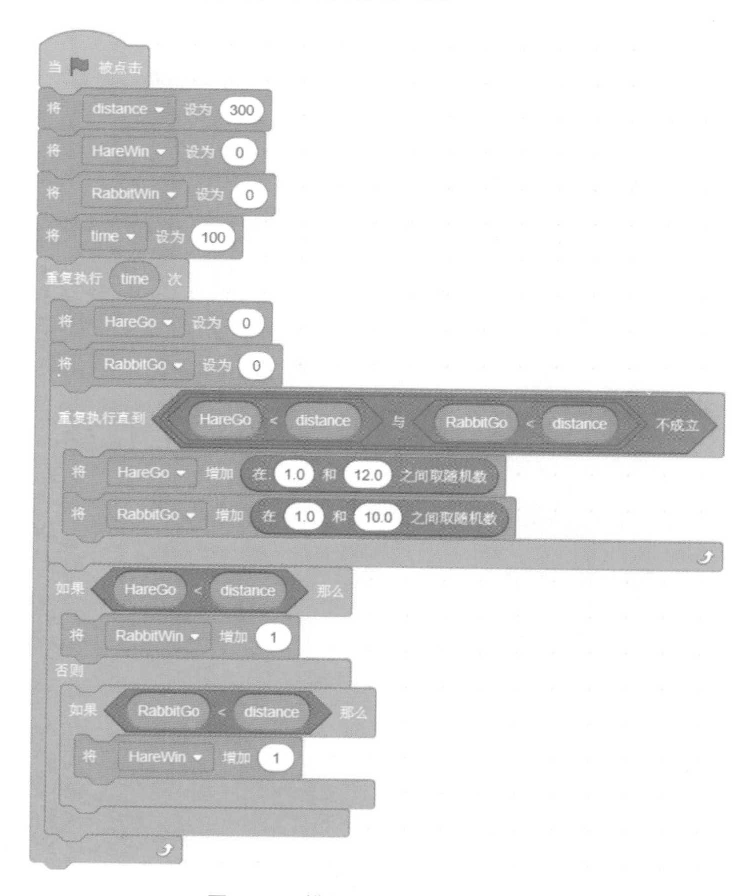

图 16.1　模拟 100 次比赛的程序

16.2.3 输赢比例

由于程序每次运行结果都不同，所以计算输赢比例时，应该对多次的运行结果取平均。与其运行多次程序再取平均，不如直接让程序一次性模拟许多次比赛，然后计算输赢比例(例如，HareWin 除以总的模拟比赛次数，就得到 Hare 获胜的比例)。表 16.2 是设置不同的比赛模拟次数以及相应的某次运行结果。

表 16.2 不同模拟次数下，程序得到的输赢比例

模拟比赛次数	100	500	1000	2000	5000	10000	100000
HareWin	93	478	940	1890	4717	9493	94781
Hare 获胜比例/%	93	95.6	94.0	94.5	94.34	94.93	94.781
RabbitWin	4	14	41	72	169	338	3386
Rabbit 获胜比例/%	4	2.8	4.1	3.6	3.38	3.38	3.386

随着模拟比赛次数的增加，获胜比例的随机性波动减小。只要模拟比赛的次数足够多，获胜比例就能达到令人满意的精度，或者说结果就足够准确了。

16.3 控制输赢比例

回到最初的问题，假设从起点到终点的距离为 300，Rabbit 跑步的随机数范围是[1.0,10.0]。问：如何设定 Hare 跑步的随机数范围，使得两者赢得比赛的概率是 Hare：Rabbit=2：1？我们可以设定 Hare 跑步的随机数范围是[1.0,x]，需要通过编程来算出 x 的值。

16.3.1 二分法

我们知道，当 $x=10.0$ 时，HareWin：RabbitWin=1：1；根据前面模拟比赛得到的结果(取 10000 次模拟)，当 $x=12.0$ 时，HareWin：RabbitWin=9493：338>2：1，因此最终的 x 值应该介于 10.0 和 12.0 之间。

可以用 10.0 和 12.0 的中间值 11.0 去尝试模拟比赛，得到两者获胜的比例，如果 Hare 赢的比例小于 2 倍，说明 x 值应该在 11.0 和 12.0 之间；相反，如果 Hare 赢的比例大于 2 倍，说明 x 值应该在 10.0 和 11.0 之间；如果刚好 Hare 赢的比例等于 2 倍，那说明在一定的精度下，我们已经找到答案了。

通过这样新的一次模拟比赛尝试，可以找到 x 的值，或者把 x 值所在的范围减小为原先的一半。如果不断重复这一过程，每一次都以 x 值所在范围的中点值进行尝试，那么每一次模拟比赛之后，能够将 x 值所在范围减小一半。这样一半一半地减小范围，就能够逐步逼近 x 的合适取值，或者说与真正答案的误差会越来越小。当误差小到一定程度时，就可以认为找到 x 的取值了。这种解决问题的方法称为二分法。

在编程实现时，我们可以用变量 paceMin 和 paceMax 分别表示当前取值范围的最小值和最大值。初始情况下，paceMin = 10.0，paceMax = 12.0。然后让变量 pace = (paceMin＋paceMax)/2，模拟 Hare 跑步的随机数范围是[1.0，pace]。如果 Hare 赢的比例高了，则让 paceMax＝pace，即将范围[paceMin，paceMax]更新为[paceMin，pace]；如果 Hare 赢的比例低了，则让 paceMin = pace，即将范围[paceMin，paceMax]更新为[pace，paceMax]。

16.3.2　二分法的终止条件

在用二分法搜索 x 的取值时，每次模拟比赛都需要进行足够多次比赛(例如 10000 次)，保证这时得到的输赢比例是足够精确的。在这样的前提下，模拟比赛得到的结果足够接近 2∶1 时就可以认为找到答案了，毕竟随机模拟的结果是有误差的。如果控制比例的误差不超过 0.5%，那么当 1.99＜HareWin∶RabbitWin＜2.01 时，就可认为这时的 pace 值即是答案，不必再继续二分取值范围了。

将二分法搜索 x 取值的过程写成伪代码如下。

1. 初始化

(1) 设置 paceMin 为 10.0。

(2) 设置 paceMax 为 12.0。

2. 重复执行

(1) 设置 pace 的值为(paceMin＋paceMax)/2。

(2) 以 pace 为参数进行模拟。

(3) 计算 rate 等于(HareWin/RabbitWin)。

(4) 如果 rate＜1.99，那么设置 paceMin 为 pace。

(5) 否则，如果 rate＞2.01，那么设置 paceMax 为 pace。

(6) 　　否则停止。

其中，2(2)可以自定义积木语句来实现，图 16.2 给出了参考程序和运行结果。

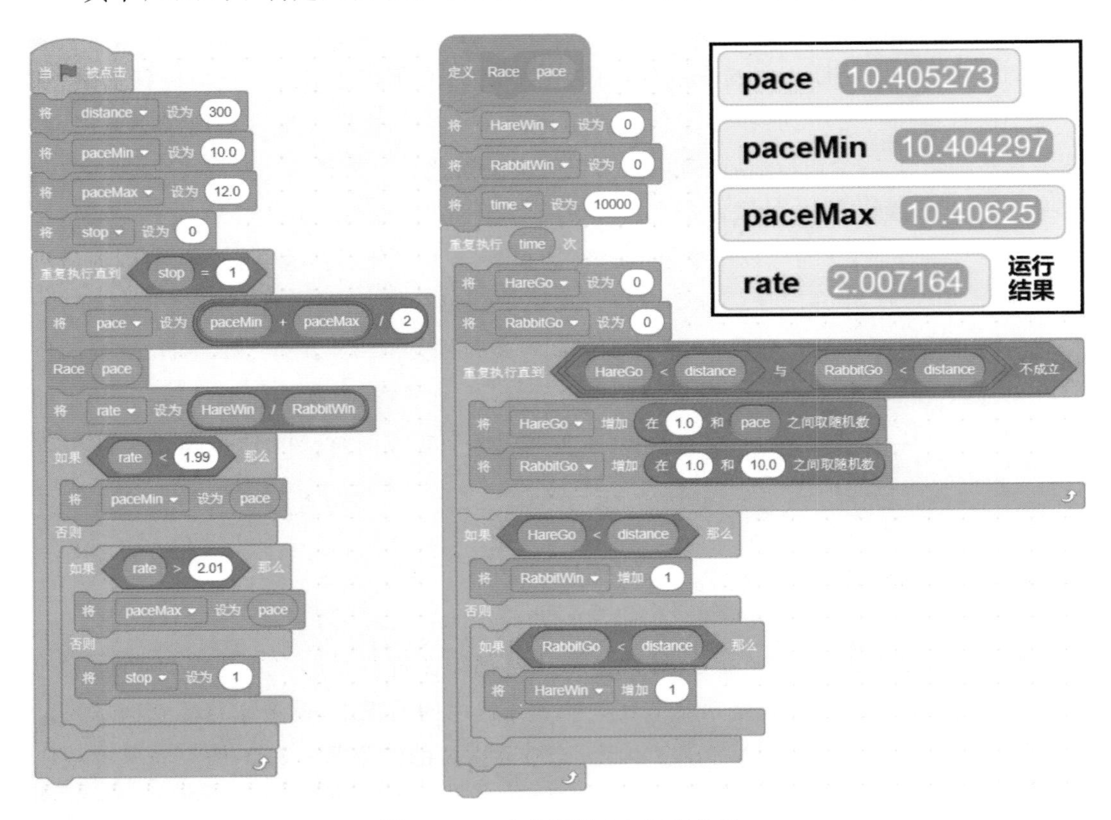

图 16.2 二分法程序 1 与运行结果

对于这一问题来说，还有另一种决定是否继续二分取值范围的方法，即当取值范围小到一定程度时，认为答案的精度已经满足要求，也就可以终止二分搜索了。例如，控制答案精度不超过 0.5%，那么当 paceMax－paceMin＜paceMin×0.5%时，即当 paceMax＜paceMin×100.5%时，可以认为这时的 pace 值即是答案。图 16.3 是相应的参考程序和运行结果。

可以看到两个程序的结果相近但不相同。由于模拟比赛得到的输赢比例本身就有一定误差，这两种控制二分法终止的条件分别出于不同的误差要求，都可以是合理的，因

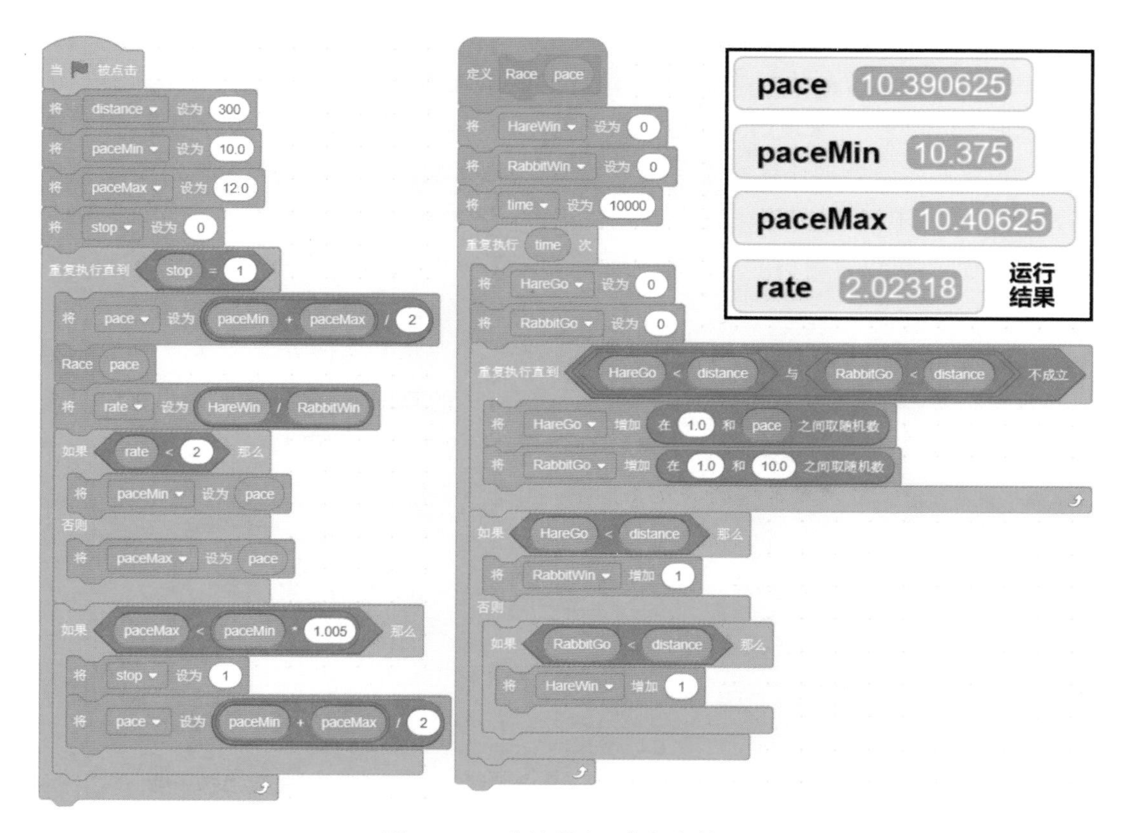

图 16.3　二分法程序 2 与运行结果

此无法断言哪个结果更正确。如果认为两种误差条件满足任意一个就可以，那么可以将这两个条件同时用于二分终止的判断，从而让程序尽快运行得到结果。

16.4　本章小结

计算机模拟是一种非常有用的方法。在人们的学习和生产活动中，有时候难以满足实验条件，或者进行真实的实验会耗费大量人力物力，甚至有巨大的危险，例如，了解自然灾害的产生与危害，飞行员学习飞机驾驶，向太空发射人造卫星，……本章模拟赛跑也是一个很好的例子，通过实现简单的程序逻辑，解决一个需要高深数学知识的问题。用计算机来模拟事物只需针对问题的关键之处，例如，本章模拟比赛的目的是计算输赢比例，因此不需要用动画来表现比赛的过程。

本章的编程实践体现了“自顶向下，逐步求精”的思想和方法。在面对计算输赢比例的问题时，并不是一上来就研究如何模拟赛跑，而是先考虑解决问题的整体思路，即统计多次模拟比赛的结果来计算输赢比例；然后再考虑每次比赛应如何模拟。对于模拟比赛，先考虑模拟不同角色跑步到达终点的过程，再研究“到达终点”这个细节的判定条件。在具体编程时，可以自制积木来代替未细化实现的部分，完成整体程序后再回头编写自制积木的程序。

本章还介绍了二分法。二分法是一种通过搜索来得出答案的方法，这种方法并不是直接计算结果答案，而是通过不断减小答案取值所在的范围，最终把答案找出来。根据具体问题的特点，有的问题能够得到准确的结果，有的问题能够得到足够精确的近似答案。二分法每一次计算都能够将答案范围缩小一半，效率很高。

我们在二分查找合适的随机参数时，每次模拟 10000 次比赛，可以保证得到的输赢比例精度不低，结果有效，相对于更多次数的模拟来说，运行时间不算太长。

16.5　练习：编程计算 π

如图 16.4 所示，正方形的面积是 20×20＝400，圆的面积是 π×10×10＝100π。我们想象有一个圆筒，外面套了一个正方形筒，而且两个筒的壁非常薄，图 16.4 是从上方俯视看到的情形。当天上下雨，雨滴均匀垂直地落入图形内，可以认为落入两个筒的雨滴数之比等于两者截面积之比。因此我们可以模拟下雨，每个雨滴的随机位置为(x,y)，其中，x 和 y 是$[-10.0,10.0]$范围内的随机数（随机数应为小数），这样保证雨滴一定落在正方形筒内。另一方面，如果 $x^2+y^2\leqslant 100$，那么雨滴同时落在圆筒内。假设一共模拟落下 s 个雨滴，其中有 c 个落在圆筒内，那么当 s 非常大时，可以认为 $c:s$＝圆面积∶正方形面积＝$\pi:4$。因此可以计算得到 $\pi=4\times c\div s$。请你编程并运行程序，看看 $s=100$、1000、10000、100000 时，得到的 π 值分别是多少。

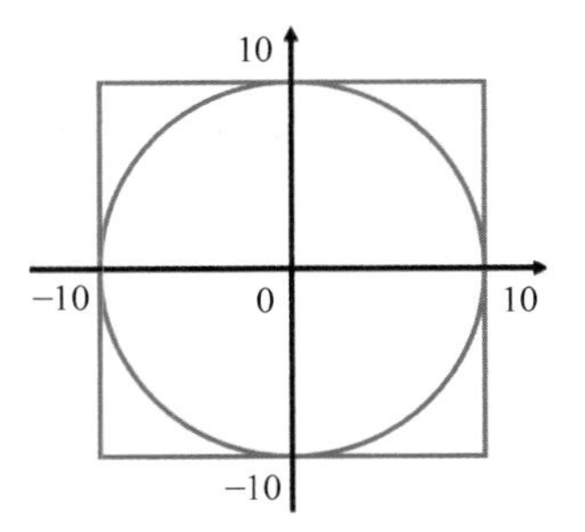

图 16.4　计算 π 的辅助图形

第3篇　应用实践

第17章

九 连 环

基于Scratch,我们已经学习了不少程序设计的知识和技能。程序设计的思维及解决问题的方式,与日常生活有联系也有区别,同样需要通过实践应用来积累经验。在前面的学习过程中,我们已经见到和体会到,对于同一个问题,可能有不同的思路方法来解决。不同的思路方法会导致不同的程序实现,不同的实现可能效果一样,可能有优劣差别。因此,不管是自己设计并尝试编程解决问题,还是看别人的设计思想,读别人编写的程序,都有助于拓展思路温故知新。从本章开始,我们以实现特定的游戏应用为目标,体会分析问题、设计方案、编程实现、优化调试的程序设计实现过程。

17.1 九连环游戏

你玩过九连环吗?九连环是中国著名的古典益智游戏之一,传说是三国时期诸葛亮发明的。九连环由九个套在一起的环和一个带柄的框架组成。通过一系列操作,可以将九个环从框架上取下或装上,如图17.1所示。

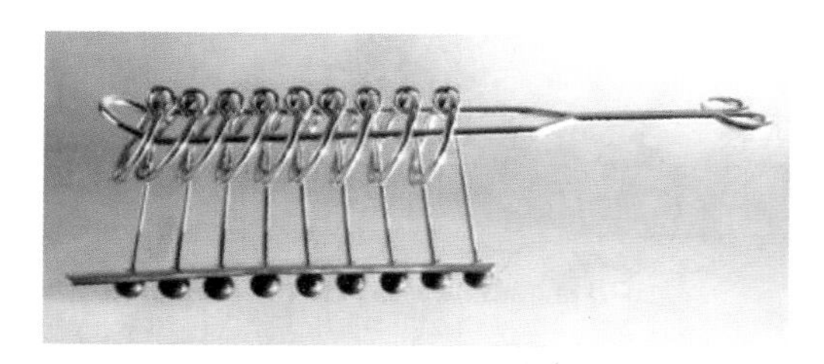

图17.1 九连环

17.1.1 九连环的操作

九连环的特点就是环环相扣，加上框架的限制，使得每一时刻只能够操作个别的环。为了方便说明，我们给环编号，如图 17.2 所示。

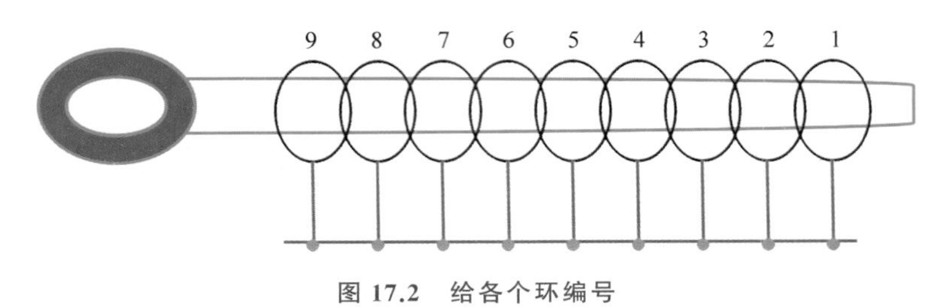

图 17.2 给各个环编号

九连环的操作只有以下 4 个。

操作一：当 1 号环在框架上时，能够将它取下。实物的具体操作是将 1 号环从框架一头移出，然后侧过来，自上而下从框架中间穿过。

操作二：当 1 号环不在框架上时，能够将它放回框架上。实物的具体操作与操作一相反。操作一和操作二只影响 1 号环的状态。

操作三：当相邻两个环的右侧所有环都已取下时，左边那个环可以从框架上取下。在图 17.3 中，1 号、2 号、3 号环已经取下，相邻的 4 号和 5 号环还在框架上，则左边的 5 号环可以从框架上取下。实物的具体操作是将 4 号、5 号环同时从框架一头移出，然后将 5 号环侧过来，自上而下从框架中间穿过，将 4 号环从框架一头移入回到原位。如果 1 号、2 号环都在框架上，那么操作三可以将 2 号环取下，同时保留 1 号环在框架上。在实物操作中，如果 1 号、2 号环都在框架上，操作一和操作三可以同时进行，即将 1 号环和 2 号环同时从框架上取下。但我们为了简化，规定每次操作只能影响一个环的状态，即将 1 号、

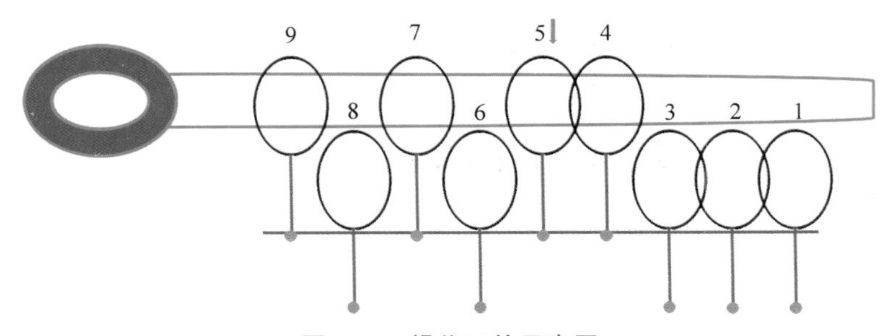

图 17.3 操作三的示意图

2 号环同时取下的操作分成先操作三，再操作一的两步来完成。

操作四：将操作三反过来操作，就是操作四的情形，即当某个环在框架上，而它相邻的左侧环和右侧所有环都不在框架上时，可以将相邻的左侧环放回框架上。在图 17.4 中，可以将 6 号环放回框架上。在图 17.4 的实物操作中，其实还可以将 1 号环和 2 号环同时放回框架上，但同样为了简化，我们规定这是先进行操作二再进行操作四。显然，更大编号环的状态对操作三和操作四无影响，只有较小编号环的状态才决定了是否能够进行操作三或操作四。

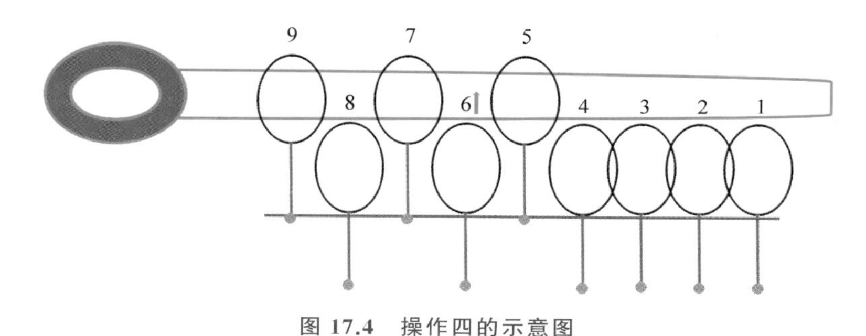

图 17.4　操作四的示意图

17.1.2　九连环的解法

我们来研究一下如何将九个环从框架上取下。

根据前面的几个操作说明，只有操作三能够将 9 号环取下，这时需要达到的状态是 1 号到 7 号环都已取下，8 号和 9 号环在框架上，这时相当于完成了一个“七连环”的取下操作。对于“七连环”来说，同样只有操作三能够将 7 号环取下，这时需要达到的状态是 1 号到 5 号环都已取下，6 号和 7 号环在框架上，这时相当于完成了一个“五连环”的取下操作。以此类推，为完成“五连环”的取下操作，要先完成“三连环”的取下操作，更先完成“一连环”的取下操作，显然操作一即可实现。因此，九连环的取下操作第一步应该是通过操作一，将 1 号环取下。

另一方面，通过操作三将 9 号环取下后，九连环的状态变为 1 号到 7 号环已取下，8 号环在框架上，对这些环进行的操作与 9 号环的状态无关，也不会影响 9 号环的状态。将 8 号环取下只能通过操作三，为此必须形成 1 号到 6 号环已取下，7 号环已放回的情形，即要将“七连环”已取下的情况，变为 7 号环已放回，同时“六连环”已取下的状态。为了达到这一状态，需要先达成 6 号环已放回，同时“五连环”已取下的状态，从而能够通过操作四将 7 号环放回框架上（这时 8 号到 6 号环都已放回，1 号到 5 号环已取下），然后再将 6 号环取下。以此类推，为了通过操作三将 6 号环取下，需要将 5 号环放回，同时取下 4 号到 1 号环；为了将 5 号环放回，需要先将 4 号环放回，然后进行操作四形成 8 号到 4 号环都已放回，3 号到 1 号环都已取下的状态。为了将 4 号环取下，需要放回 3 号环，同时 2 号和 1 号环都取下；为了放回 3 号环，需要先放回 2 号环，再通过操作四形成 8 号到 2 号环都已放回，1 号环已取下的状态。为了取下 2 号环，要先放回 1 号环，这时形成了 8 号到 1 号环都已放回的状态。

我们回顾总结一下前面所有的操作：先做一次“七连环”的取下，然后通过操作三取下 9 号环，再做一次“七连环”的放回，形成 8 号到 1 号环都在框架上的情形，即“八连环”的情形。显然，若干连环的取下与放回可以采用相反的操作序列实现，因此“九连环”的取下问题可以转换为“七连环”和“八连环”的取下或放回问题。从递归的角度来看，问题规模变小了。只要采用相同的思路，逐步减小问题规模，直至简单情况，即一个环或二连环的问题，就能够解决最初的大规模问题。

从另一个方面来看解九连环的操作问题。操作一和操作二的前提条件不同，操作三和操作四的前提条件也不同，这意味着，如果进行了某一个操作，那么下一步操作只会有两种选择，其中一种选择是前一个操作的相反操作。因此，在保证存在正确操作序列的前提下，只要第一步操作是正确的，并且随后的操作都不做前一步操作的相反操作，那么随后操作一定也是正确的，从而一定会形成正确的操作序列，顺利解决九连环问题。

17.2 编程实现九连环

九连环的逻辑简单，关键是实现对操作三和操作四的支持。

17.2.1 绘制图形

先准备九连环的造型。

创建新作品，删除小猫角色，绘制如图 17.5 所示的角色。该角色由一个圆环、一条线段和一个填充的圆组成，线段的长度比圆环高度略长。为了方便鼠标单击角色，圆环和线段的宽度不要小于 10。

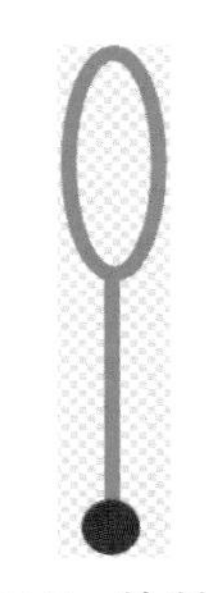

图 17.5 绘制角色

复制该角色，得到九连环的九个环。为了好看，可以设置每个环的颜色都不同，然后把这些环排列整齐。由于每个环的造型都一样，所以能够利用 移到 x ( ) y ( ) 积木，精确设置各个环初始的坐标位置。

选择一个背景，在背景上适当位置画出框架。再另外新绘制一个角色，看起来连接了各个环的线段部分。整体效果如图 17.6 所示。

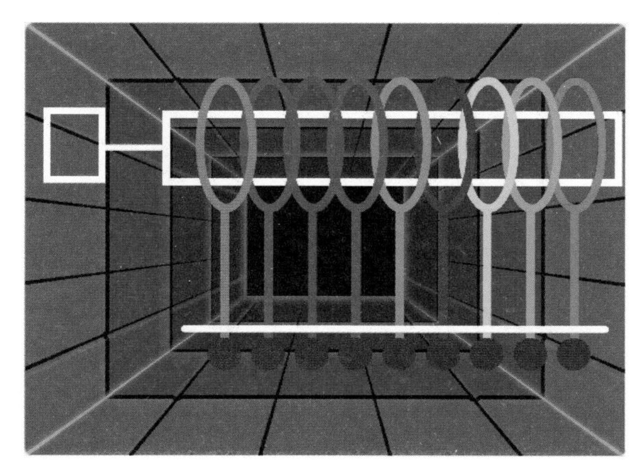

图 17.6　九连环绘制效果

17.2.2　实现操作

对每一个环来说，只有放回和取下两种状态，因此可以设置“高位”和“低位”两个 y 坐标的值。起始时，每个环的 y 坐标都是“高位”，操作一和操作三让环的 y 坐标由“高位”变成“低位”，操作二和操作四让环的 y 坐标由“低位”变成“高位”。

由于操作一和操作二相反并且只适用于 1 号环，操作三和操作四相反并且只适用于除 1 号以外的环，因此只要确定哪个环可操作，即可根据这个环当前的状态，决定进行哪一个操作。写成伪代码就是：

```
(1) 如果该环可以进行操作
(2)         如果该环 y 坐标为“高位”
(3)                 设置该环 y 坐标为“低位”
```

```
(4)       否则
(5)           设置该环 y 坐标为“高位”
```

如何判断哪个环可操作呢？

显然，1 号环总是可操作的。而对于 2 号到 9 号环来说，同一时刻最多只有一个环能够操作。当 1 号环 y 坐标为“高位”时，2 号环是可操作的，并且 3 号到 9 号环不可操作；否则（即当 1 号环 y 坐标为“低位”时），2 号环不可操作，如果这时 2 号环 y 坐标为“高位”，则 3 号环是可操作的，并且 4 号到 9 号环不可操作；否则（即当 1 号到 2 号环 y 坐标都为“低位”时），……写成伪代码就是：

```
(1)  如果 1 号环 y 坐标为“高位”
(2)      可操作环为 2 号环
(3)  否则
(4)      如果 2 号环 y 坐标为“高位”
(5)          可操作环为 3 号环
(6)      否则
(7)          如果 3 号环 y 坐标为“高位”
(8)              可操作环为 4 号环
(9)          否则
(10)             如果 4 号环 y 坐标为“高位”
(11)                 可操作环为 5 号环
(12)             否则
(13)                 如果 5 号环 y 坐标为“高位”
(14)                     可操作环为 6 号环
(15)                 否则
(16)                     如果 6 号环 y 坐标为“高位”
(17)                         可操作环为 7 号环
(18)                     否则
```

```
(19)            如果 7 号环 y 坐标为“高位”
(20)                可操作环为 8 号环
(21)            否则
(22)                如果 8 号环 y 坐标为“高位”
(23)                    可操作环为 9 号环
```

当 2 号到 9 号环都不可操作，并且 9 号环 y 坐标为“低位”时，九连环游戏成功。

17.2.3 实现完整游戏

整个九连环的 Scratch 程序设计思路如下。

(1) 当游戏开始时，所有环分别就位，并且所有环 y 坐标都为“高位”，2 号环是可操作的(由于 1 号环总是可操作的，不必专门判断)。

(2) 当鼠标单击某个环时，该环的事件响应程序执行：如果该环可操作，则改变 y 坐标。

(3) 每次操作后，都需要重新判断哪个环可操作。

(4) 当九连环游戏成功时，展示成功信息。

判断哪个环可操作的程序，可以写成一个消息响应，放在背景的代码中。当任意一个环的 y 坐标改变后，广播该消息。

游戏成功信息可以简单地用一个角色来实现：角色造型铺满舞台；当游戏开始时，角色移到舞台最前面并隐藏起来；当游戏成功，角色显示出来。

可以为整个游戏配上背景音乐，为环的移动和游戏成功配上音效(例如 Pop 和 Clapping)。这里会有一个小问题：背景音乐是循环播放的，当游戏成功时应该停止背景音乐并播放音效。停止背景音乐可以使用 停止所有声音 ，但循环控制又会启动播放，请你想办法解决这个问题。

17.2.4 随机开局

前面分析过，九连环的正确操作应该从操作一开始。如果从操作三开始(即取下 2 号环)，那么当进行到后面通过操作三取下 8 号环后，会发现 9 号环无法取下。因此，正确选择第一步操作是很重要的。

如果在初始时，随机决定各个环的 y 坐标是“高位”还是“低位”，你能够找到正确的第一步操作吗？

我们可以为游戏添加一个按钮，当单击该按钮时，广播一个消息。各个环接收到这个消息后，随机决定 y 坐标是“高位”还是“低位”。当各个环响应该消息后，按钮程序再广播判断哪个环可操作的消息。

会有很小的概率，当单击随机开局按钮后，各个环的 y 坐标都随机为“低位”，一开局不用操作就完成游戏了。你能想办法避免这一小概率事件吗？

随机开局功能使九连环有了多次游戏的需要。当一局游戏成功并展示成功信息后，要回到正常的页面。你前面解决背景音乐与游戏成功音效播放问题的方法，现在仍然能够有效工作吗？

17.3 思考与挑战

17.3.1 最佳操作数

请为九连环游戏增加计数功能，统计从游戏开局到当前情况所进行的操作数目。

根据 17.1.2 节的说明，如果用 $f(N)$ 表示 N 连环的最佳操作数，则有：

$$f(N)=f(N-1)+2f(N-2)+1$$

当 $N=1$ 时，显然只需进行一次操作一，因此 $f(1)=1$；当 $N=2$ 时，先进行操作三，再进行操作一即可，因此 $f(2)=2$。你可以用递归的方式编程依次计算出 $f(3)$、$f(4)$、…、$f(9)$，得到九连环的最佳操作数，看看自己的操作是否是最佳的。如果使用列表来存放已算出的 $f(N)$，更容易编程实现。

如果用递归的方法来计算九连环的最佳操作数，不能将 $f(N)$ 看作一个数并自制参数为 N 的积木来计算它。如果要这样做的话，不可避免要将 $f(N)$ 的计算结果保存在某个变量中。而在 Scratch 中，变量只有适用于所有角色还是当前角色的区别。递归用的自制积木属于当前角色，以不同参数运行自制积木会用到同一个变量。在计算 $f(N)$ 的自制积木中，要多次进行同一自制积木的递归调用，这会出现调用者和被调用者设置同一变量值的情形，造成计算错误。因此，如果用递归的方法来计算九连环的最佳操作数，需要将 $f(N)$ 看作一组操作，参数为 N 的自制积木是把这组操作递归分解成小于 N 的若干组操作,当具体进行操作一、操作二、操作三、操作四时,才让某个用于计数的变量增加 1[①]。这样累计具体的操作数,得到最终结果。请你按这个思路实现程序。

请你思考,如果是随机开局,如何计算最佳操作数呢?

17.3.2　自动完成九连环游戏

如 17.3.1 节所述,用递归的方法来计算九连环的最佳操作数,实际上是将问题分解为每一个具体操作,并累积计数。如果严格区分环的取下和放回操作,那么在累积计数的同时,也就得到了最佳的操作序列。因此,可以修改程序,让这个递归的自制积木担任指挥,通过广播消息,指挥不同的环上下移动,从而实现自动完成九连环游戏的功能。

如果是随机开局,你能想办法实现自动完成九连环游戏的功能吗?

---

① 注:N 连环取下和放回的操作序列是相反的,但如果只是计算最佳操作数的话,编程时只需要保证操作次数相等,并不严格要求操作顺序也正确。例如,2 连环的取下是先操作 2 号环再操作 1 号环,而放回操作是先操作 1 号环再操作 2 号环,但如果只是计数的话,不必区分是取下还是放回操作,统一认为是 2 连环的操作,操作数累计加 2 即可。

第 18 章

七 巧 板

与九连环一样,七巧板也是中国著名的古典益智游戏之一。七巧板在公元前就已经在中国出现,18 世纪时从中国传到国外,被人们称为“东方魔板”。七巧板可以拼成 1600 种以上的图形。本章用 Scratch 来实现七巧板。

18.1 绘制七巧板

常见的七巧板如图 18.1 所示,可以用一个正方形切割得到。根据七巧板中各块板的形状与相对大小,可以在 Scratch 中直接绘制出来。

图 18.1 七巧板

18.1.1 绘制三角形

考虑到七巧板中各块板的大小关系,我们可以先绘制最小的三角形板,这是一个等腰直角三角形。

画法一：用线段拼接。

以绘制方式新建角色，自动进入矢量图绘制模式。选择线段工具，将轮廓宽度改为1。按住Shift键，利用绘图区的方格背景，在黑白方格交叉点处按住鼠标，然后将鼠标下移画垂直线段，长度为15格后松手。将鼠标移近线段端点，端点处会自动出现一个蓝色小圆圈，这时按下鼠标将接续该端点继续画线。同样按住Shift键，将鼠标右移画水平线段，长度也为15格后松手。最后连接两个线段端点画出三角形的第三条边。

选择填充工具，为三角形填充自己喜欢的颜色。然后用选择工具选中三角形，将轮廓宽度改为0，得到没有边框的纯色三角形。

画法二：修改正方形端点。

以绘制方式新建角色，选择矩形工具，设置自己喜欢的颜色，将轮廓宽度改为0。按住Shift键，画出一个正方形。然后选择变形工具，单击正方形，可以看到四个角处出现蓝色小圆圈。单击一个小圆圈，将它拖动到与相邻某个小圆圈重合。在空白处单击，可以看到正方形被修改成了三角形。

为了画得更精细，可以先用放大绘图区后再进行绘制。

画好三角形后，将它拖动至中心与造型旋转中心大致重合的位置。

18.1.2 绘制其他形状

七巧板中最小的三角形有两块，只需复制角色，然后填充不同颜色即可。

中等大小的三角形、正方形、平行四边形都可以看作由两个最小三角形拼成。因此，复制粘贴已画好的三角形，视情况旋转拼接，再填充各自颜色即可。当然，如果前面是修改正方形端点得到三角形的话，其实是先有了正方形。

对于两个大的三角形来说，只需要复制小三角形角色，然后将角色大小改为200，再填充相应颜色即可。

对于各个图形，拖动它们到形状中心与造型旋转中心大致重合的位置。

18.1.3 拼出初始图形

你可以设置已绘制的各角色的方向，然后把它们按图18.1那样，在舞台的左上角拼成一个大的正方形。

请为各个角色设置🏴被单击后的初始大小、位置和方向，使它们能自动拼成初始的正方形。

18.2 拖动与旋转

拼七巧板需要分别将各块板旋转并拖动到适当位置，因此我们要实现拖动与旋转角色的功能。

18.2.1 拖动模式

在 Scratch 中，角色有一个拖动模式的属性，可以通过“侦测”类别中的积木语句设置为“可拖动”或“不可拖动”，如图 18.2 所示。新建角色默认是“不可拖动”的。

图 18.2 设置角色的拖动模式

你可以试一下，将角色的拖动模式设置为“可拖动”，然后以全屏模式运行，拖动角色到舞台的不同位置。

18.2.2 旋转的活跃状态

为了让七巧板旋转，我们可以为角色实现按键的消息响应，例如，按←键逆时针转 5°，按→键顺时针转 5°。由于每次应该只能转动一块板，所以程序需要确保同一时刻只有一块板会响应按键消息。我们把可响应按键消息的状态称为“活跃状态”，那么同一时刻只有一块板处于活跃状态。

比较自然的想法是最近哪块板被单击或拖动了，哪块板就进入活跃状态。如果这样实现的话，有可能出现以下情况：鼠标单击或拖动了 A 板，然后移动到 B 板上方（但没有单击），这时按下←键或→键，鼠标所在位置的 B 板没有旋转，别处的 A 板却旋转了。这种情况并不合理。

另外，某块板进入活跃状态后，如何退出该状态呢？一种想法是某块板进入活跃状态之前，先广播消息让其他板退出活跃状态。在 Scratch 中并没有直接侦测"正在被拖动"的积木语句。如果让角色不断检测自己的坐标变化来侦测的话，当角色被拖动时，会不断广播让其他板退出活跃状态的消息。另一种想法是让角色不断检测坐标变化，当发现坐标不变就自动退出活跃状态。这样的设计会使得被拖动并停下后的板也自动退出活跃状态，这时就无法让板旋转了。

所以，我们这样来设计角色活动状态的变化：当角色被单击时进入活跃状态；当鼠标按键松开时，角色就退出活跃状态。拖动角色时，鼠标按键始终处于按下状态，当按键松开时，角色停止移动，同时退出活跃状态不再响应旋转消息。这样的设计使得拖动和旋转的操作条件相同（即：鼠标保持按下状态），比较合理。

根据上面的分析推敲，可以为每个七巧板角色设置一个标志变量，初始情况下，该变量值为 0，表示不处于"活跃状态"；当角色被单击后，设置该标志变量值为 1，表示角色处于"活跃状态"；当鼠标按键松开，也就是未按下鼠标，则标志变量的值变为 0，表示角色不再处于"活跃状态"。

与活跃状态有关的另一个细节是不同板的遮挡问题。通常情况下，处于活跃状态表明当前的板正在操作中，因此应该显示在最上层。

18.2.3　实现拖动

在 Scratch 中，当角色拖动模式为"可拖动"时，拖动操作一开始的"按下鼠标"并不会产生 当角色被点击 事件（你可以想办法编程验证）。因此，我们只能自己来实现角色的拖动功能。

所谓拖动，其实就是角色的平移。在 Scratch 中，让角色移到某个坐标位置即可。但问题是 移到 x ( ) y ( ) 积木语句的参数实际指的是角色中心的坐标，而拖动时鼠标位置通常不会是角色中心，或者说，鼠标位置坐标并不能直接用作 移到 x ( ) y ( ) 积木语句的参数。

如图 18.3 所示，由于角色是平移的，所以拖动前后角色中心平移的方向与距离等于鼠标移动的方向与距离，用 x 和 y 坐标值来表示的话，有：

角色中心新 x 坐标值－角色中心原 x 坐标值＝鼠标新 x 坐标值－鼠标原 x 坐标值

角色中心新 y 坐标值－角色中心原 y 坐标值＝鼠标新 y 坐标值－鼠标原 y 坐标值

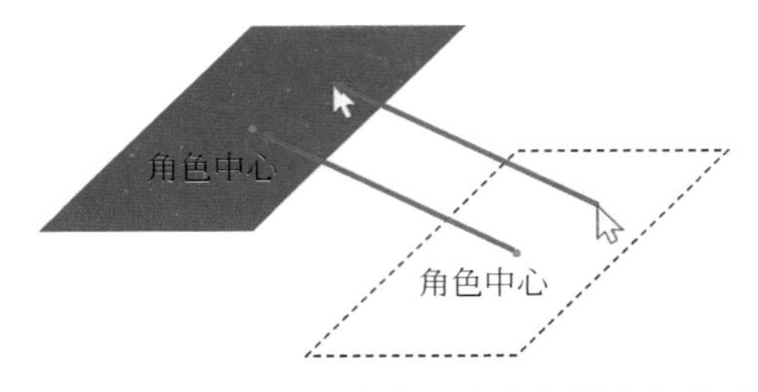

图 18.3　拖动前后角色中心与鼠标的坐标关系

当单击角色开始拖动时，可以得到角色中心的当前坐标值（即角色中心原坐标值）和鼠标的当前坐标值（即鼠标原坐标值），当拖动到某一位置时，可以得到鼠标的新坐标值，这时：

角色中心新 x 坐标值＝角色中心原 x 坐标值－鼠标原 x 坐标值＋鼠标新 x 坐标值

角色中心新 y 坐标值＝角色中心原 y 坐标值－鼠标原 y 坐标值＋鼠标新 y 坐标值

如果让变量 dx＝角色中心原 x 坐标值－鼠标原 x 坐标值，dy＝角色中心原 y 坐标值－鼠标原 y 坐标值，那么当单击角色开始拖动时，可以先计算得到 dx 和 dy，之后不管鼠标移动到哪里，都可以让角色移动到（dx＋鼠标新 x 坐标值，dy＋鼠标新 y 坐标值）。

结合前面关于活跃状态的分析设计，为每一块板新建一个“仅适用于当前角色”的变量 state，就可以用两个脚本来配合实现拖动功能并维护活跃状态。

脚本一：

（1）当单击角色时
（2）将角色移到最前面
（3）设置 state 为 1
（4）设置 dx 为（x 坐标－鼠标的 x 坐标）
（5）设置 dy 为（y 坐标－鼠标的 y 坐标）

脚本二：

（1）当单击🏴时
（2）重复执行

```
(3)     如果 state 为 1
(4)         移动到(dx+鼠标的 x 坐标,dy+鼠标的 y 坐标)
(5)     如果松开鼠标(即“按下鼠标”不成立)
(6)         设置 state 为 0
```

18.2.4 实现旋转

在实现拖动的脚本二基础上,很容易实现旋转功能。

```
(1) 如果 state 为 1
(2)     如果按下→键
(3)         右转 5°
(4)         等待 0.2 秒
(5)     如果按下←键
(6)         左转 5°
(7)         等待 0.2 秒
```

脚本中等待 0.2 秒,是为了控制旋转速度。

不过这样的旋转还不够完美。如图 18.4 所示,拖动时鼠标在距离角色中心的某个位置,当角色绕角色中心旋转,有可能出现鼠标被转出角色造型的情况。即使鼠标没有被转出角色造型,但鼠标相对于整个角色造型的位置会改变。

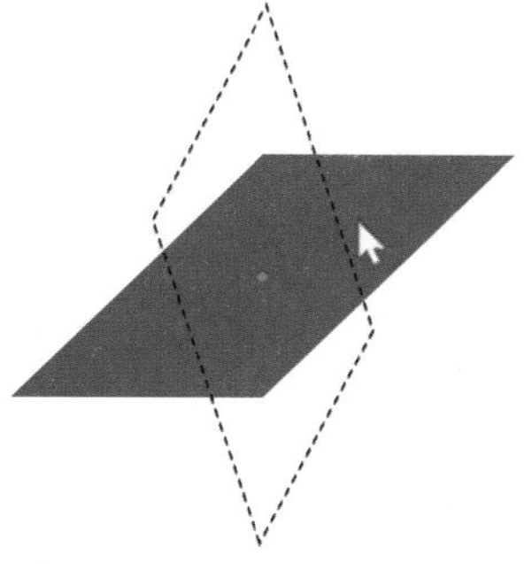
图 18.4 旋转时鼠标被转出角色造型

解决这一问题的方法是:让角色以鼠标为中心旋转。Scratch 并没有提供能够设置角色旋转中心的积木语句,因此只能自己编程来实现。如图 18.5 所示,角色为紫色,白色鼠标单击在造型右上部的某个位置。当角色绕角色中心旋转时,造型转到了蓝灰色框架的位置,这时白色鼠标如果也跟着转动的话,应该转到蓝灰色鼠标的位置。如果角色以白色鼠标位置为中心旋转,也是转过相同的角度,则造型应该转到橙色框架的位置，这个位置可以看作是从蓝灰色框架位置平移而来(角色中心从红色点位置平移到橙色点位置)，这时蓝灰色鼠标的位置会同时平移到橙色鼠标的位置。因此，以鼠标位置为中心旋转，相当于是绕角色中心旋转再平移，即想象鼠标会跟着角色一起旋转偏离开原位置，然后再把角色拖动回原鼠标位置。另外，旋转会使得鼠标与角色中心的相对位置发生改变，因此以鼠标为中心旋转后，需要更新前面脚本中的 dx 和 dy，以便可以继续拖动角色。

图 18.5 以鼠标位置为中心旋转

这里的难点是如何计算鼠标绕角色中心旋转后的位置，需要用到更多的数学知识。这里直接给出绕鼠标中心旋转的伪代码。

```
(1)  如果按下→键
(2)      右转 5°
(3)      设置变量 m 为(dx * cos(5)+dy * sin(5))
(4)      设置变量 n 为(dy * cos(5)-dx * sin(5))
(5)      移动到(m-dx+x 坐标,n-dy+y 坐标)
(6)      设置 dx 为(x 坐标-鼠标的 x 坐标)
(7)      设置 dy 为(y 坐标-鼠标的 y 坐标)
(8)      等待 0.2 秒
(9)  如果按下←键
(10)     左转 5°
(11)     设置变量 m 为(dx * cos(5)-dy * sin(5))
(12)     设置变量 n 为(dy * cos(5)+dx * sin(5))
(13)     移动到(m-dx+x 坐标,n-dy+y 坐标)
(14)     设置 dx 为(x 坐标-鼠标的 x 坐标)
(15)     设置 dy 为(y 坐标-鼠标的 y 坐标)
(16)     等待 0.2 秒
```

18.3 保存与载入

许多游戏都有保存与载入的功能，我们也来为七巧板游戏实现这样的功能。

所谓保存，就是要记录下每一块板的状态；而载入则是利用保存的信息来设置每一块板的状态。Scratch 中没有“保存到文件”或者“从文件中载入”这样的积木语句，但我们可以利用列表来保存数据。除非通过脚本程序清空列表，否则存在列表中的数据不会消失，因此列表可以起到文件的作用。

对于每一块板来说，只有一个造型，因此 x 坐标、y 坐标和方向 3 项信息就决定了板的所有状态。只要依次将每块板的这 3 项信息保存在列表的指定项中，就能实现保存功能了；依次读取列表指定项的值，用来设置每一块板的状态，就能实现载入功能了。

新建一个列表，命名为“Save”，它会自动出现在舞台上。单击列表左下方的“＋”号，往列表中添加元素，直到显示为 + 长度21 = ，即让列表中有 21 项，刚好用于保存七块板的所有信息。

可以添加两个按钮角色，在造型上分别写上“保存”和“载入”字样。当“保存”按钮被单击，则广播保存的消息；当“载入”按钮被单击，则广播载入的消息。对于每块板来说，当接收到保存消息时，就将列表中的指定项替换为自己的 x 坐标、y 坐标和方向；当接收到载入消息时，就根据列表中指定项的值移动到相应位置并设置方向。

18.4 思考与挑战

18.4.1 保存多个拼图

一些游戏能保存多个存档记录，对于七巧板来说，如果能够保存多个拼图，是不是会很酷？

每一个拼图需要用列表中的 21 项来表示，因此可以把列表中每 21 项看成一组，每一组用于一个拼图的保存和载入。第 n 个拼图可以保存在第 n 组，即列表中第 $((n-1)\times21+1)$ 项～第 $(n\times21)$ 项。

请你思考并实践：

（1）单击“保存”按钮，应该实现哪些操作？

① 如何在列表中新开辟出一组空间以便存放新的拼图？

② 如何告诉各块板应使用第几组项来保存信息？

③ 各块板如何把位置和方向信息准确地保存到列表中？

（2）单击“载入”按钮，应该实现哪些操作？

① 如何确定该载入第几个拼图？试用“侦测”类别积木中的 询问 并等待 和 回答 来获取这一信息。

② 如何确定 回答 的内容是有效的？具体来说，回答 应该大于或等于 1，并且小于或等于(列表项数 ÷ 21)。如果 回答 根本不是数值，例如是一个字符串“abc”，会发生什么情况？——这需要试一试。

③ 如何告诉各块板应使用第几组项来载入信息？

④ 各块板如何从列表中准确地读取位置和方向信息？

（3）如果添加一个“删除”按钮，用于删除指定的第 n 个拼图，那么：

① 与载入功能类似，如何确定该删除第几个拼图？

② 如何删除才不会影响其余的拼图，同时保持列表内容的连续性？

18.4.2 为拼图命名

用数字序号来指定保存或载入的拼图不够直观，如果给每张拼图一个名称就好得多，例如“狐狸”“兔子”“蜡烛”……

有以下两种可行的方案。

方案一：另外建立一个列表，专门存储拼图名称。当保存和载入时，需要同时操作两个列表，保持每个名称与每组拼图信息的对应关系。

方案二：采用原先的列表，但每组拼图多占一项用于保存拼图名称，即现在每组项数为 22。拼图名称在每组的第一项或最后一项都可以。

不管哪一种方案，由于有了拼图名称，不免需要在保存、载入和删除时给出拼图名称。对于保存来说，应确保要保存的拼图名称唯一；对于载入和删除来说，要找到名称对应第几个拼图。这两种情况都需要在已保存的拼图中查找有没有同名的，找到或没找到决定了是否进行后续操作。可以定义一块在列表中查找拼图名称的自制积木。

请你选择前述方案一或方案二实现拼图命名功能。

第19章 华 容 道

华容道是取材于三国故事的中国民间益智游戏。华容道的棋盘中有大小不一的棋子,玩家只能借助棋盘内的空处来移动它们,目标是将代表曹操的棋子移到指定位置。华容道游戏的难度很大,而且有不同的开局玩法。本章我们用 Scratch 来实现华容道游戏,并探索如何让计算机来求解华容道。

19.1 绘制华容道

可以把华容道的棋盘抽象成 5×4(纵向×横向)的方格区域,其中,有 1 枚 2×2 方格的棋子(通常代表曹操),5 枚 2×1 方格的棋子(通常分别代表关羽、张飞、赵云、黄忠、马超五员大将),以及 4 枚 1×1 方格的棋子(通常代表小兵)。2×1 方格的棋子有横放或竖放的区别。

图 19.1 是最常见的华容道开局情况,其中,2×1 方格的棋子 1 枚横放,4 枚竖放,黄色表示棋盘未被棋子覆盖的空处。将 2×2 方格的棋子移到红色虚线框处,即算游戏完成。本章后续的内容,都是以这一开局为例的。

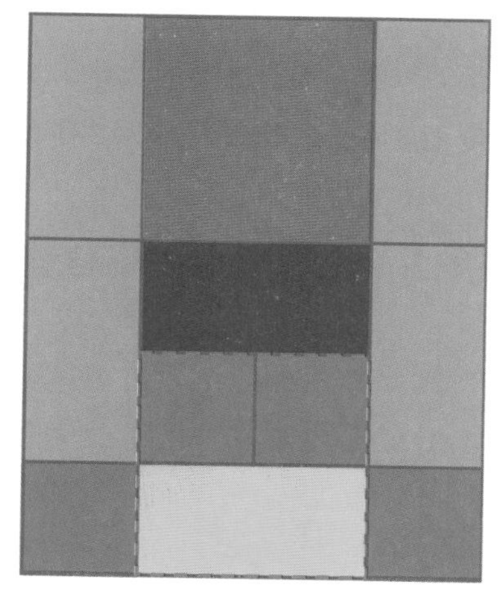

图 19.1 华容道常见开局

19.1.1 绘制棋盘棋子

考虑到 Scratch 舞台的 y 坐标范围是[−180,180],我们可以让每个格子的大小为 70×70,当棋盘上下居中显示在舞台上时,棋盘的上边沿 y 坐标值可取 175。舞台的 x

坐标范围显然足够放下棋盘了。

为了在舞台上留出一些空间，以便后期增加一些实现特殊功能的按钮，我们设定棋盘及各棋子左上角的坐标如图 19.2 所示。

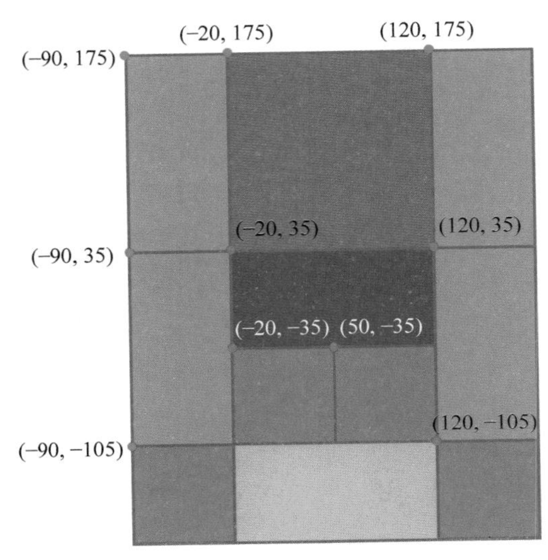

图 19.2 棋盘及棋子左上角坐标

以绘制方式为棋盘和棋子新建角色，设置适当的填充颜色，设置轮廓宽度为 2，绘制矩形，使得各棋子造型的大小分别为 140×140、70×140、140×70、70×70，考虑到轮廓线宽度的影响，让棋盘大小为 281×351。

19.1.2 设定棋盘棋子位置

为了能够如图 19.2 所示设定棋盘和棋子的位置，我们要让各个角色的中心位于矩形的左上角，这样也方便用程序来控制棋子移动。

在各角色的造型面板中，放大绘图区域，使得角色中心更清晰可见。然后移动造型，使得左上角刚好在角色中心（不用管造型是否移出可见的绘图区，只要在舞台中可见就行）。这时在角色区直接修改角色图标上方的 x 和 y 坐标值，就能够把各角色移到指定位置了。

显然，为了正确显示棋盘和棋子，应该将棋盘角色移到棋子的后面。这样，当棋子移动时，能够自然地露出未覆盖的棋盘空处。

19.1.3　添加文字

为了好看,华容道的棋子上通常会有图像或文字。我们可以在棋子造型中添加文字,如图 19.3 所示。

图 19.3　为棋子添加文字

你也可以从网上搜索喜欢的人物图像,添加到棋子造型中。

19.2　保存与载入

华容道游戏很有难度,所以我们想实现保存与载入棋局的功能。开局可以理解为载入一个预设的棋局。

19.2.1　棋局的表示方式

保存与载入棋局,基础是能够表示棋局。从棋子角度看,表示棋局就是表示各枚棋子摆在棋盘的哪个格子上;从棋盘角度来看,表示棋局就是表示棋盘上各个格子被什么棋子占着。不同的角度,导致棋局的不同表示方式。

从棋子角度来表示棋局,各个棋子可以分别记录自己的位置,这种棋局表示是分散在各个棋子那里的,是一种隐含的表示。如果将各棋子记录的信息集中到一起,就必然要给各棋子指定一个顺序(这样保存与载入才能够保持对应关系)。考虑到棋盘上有 4 枚相同的“兵”,只要摆放在 4 个特定格子上就会呈现出相同的棋局,与具体哪枚“兵”摆放在哪个格子没有关系,即实际上 4 枚“兵”的摆放效果与“兵”的顺序无关。因此从棋子角度来表示棋局的话,不同表示结果可能代表相同的棋局。

棋盘上的格子是概念中的,所有格子组成了棋盘这一个角色,因此很自然地可以让棋盘角色来集中表示所有格子的情况,即从棋盘角度可以自然地集中表示棋局。这些格子可以按行、列的位置来指定,也可以直接设定编号来指定,如图 19.4 所示,左图每个格子中的第 1 个数字表示行,第 2 个数字表示列,右图直接从 1 到 20 依次给各格子编号。

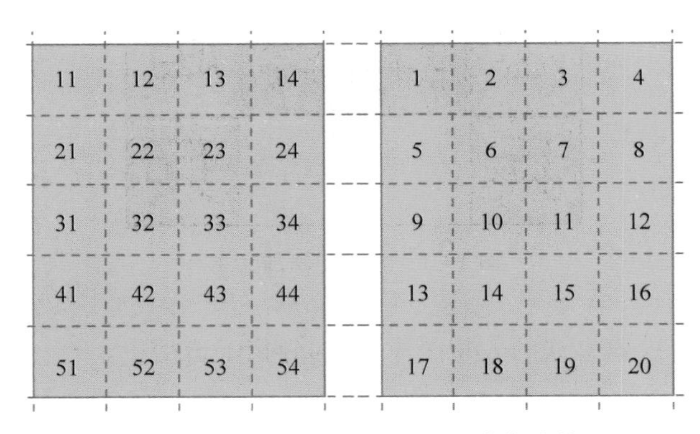

图 19.4 用行列位置或直接编号来指定格子

可以看出,直接设定的

$$格子编号 =(行 - 1) \times 4 + 列 \tag{19-1}$$

显然,如果用列表来保存各个格子上的棋子摆放情况,列表第 i 项就可以对应第 i 号格子,从这个角度讲,直接设定格子编号较方便。

综上,我们选择从棋盘角度来表示棋局。我们将采用一个列表,列表的第 i 项就表示第 i 号格子的棋子摆放情况。

19.2.2 表示棋子摆放情况

容易想到，可以用不同的数字表示不同的棋子，例如用“1”“2”“3”…分别表示各类棋子。之所以说“各类棋子”，而不是“各枚棋子”，这是因为有 4 枚棋子都是“兵”。假设用“4”来表示“兵”，并且编号为 i 的格子和编号为 j 的格子上都摆了“兵”，就可设定列表的第 i 项和第 j 项都为“4”。如果认为 4 枚竖放的棋子也没有区别(即不区别棋子上的文字或图像)，那么它们也都用相同的数字来表示。

对于占据多个格子的棋子来说，将格子对应的所有列表项都设为相应数字吗？考虑到我们表示棋局的目的是为了实现保存与载入功能，每个棋子角色只有一个位置，即棋子角色中心，因此棋子左上角的格子位置直接代表了棋子在棋盘上的位置，这个格子对应的列表项是重要的，应该设为相应数字；所占据的其他格子对应的列表项，如果也设为相应数字反而容易引起混淆。因此，对于棋子占据的其他格子，可以用一个特殊值，例如“0”来表示。

为了标志棋盘上空着未被棋子占据的格子(简称“空格”)，同时也与“0”区别，可以再用一个数字来表示，例如“8”。

对于图 19.3 的棋局，假设用表 19.1 中的内容来表示棋子，用“0”表示被棋子占据，用“8”表示棋盘空格，则可以得到如图 19.5 所示的表示。

表 19.1　用数字代表棋子

数字	1	2	3	4	5	6	7
棋子	曹操	张飞	赵云	黄忠	马超	关羽	兵

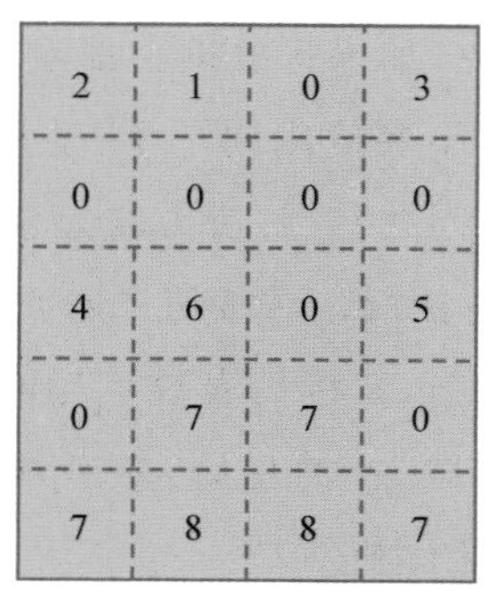

图 19.5　用数字表示棋子

19.2.3 用列表表示棋局

将图 19.5 的内容表示成列表,如表 19.2 所示,即为棋局的列表表示。

表 19.2 棋局的列表表示

项	1	2	3	4	5	6	7	8	9	10	11	12	13	14	15	16	17	18	19	20
值	2	1	0	3	0	0	0	0	4	6	0	5	0	7	7	0	7	8	8	7

19.2.4 保存与载入

有了表示方法,就很容易实现棋局的保存与载入了。

可以添加一个“保存”按钮,当角色被单击时,先把列表中所有项都设置为“8”,然后广播“保存”消息。各棋子接收到“保存”消息后,将代表数字存入列表对应项。可以根据棋子的角色中心来计算棋子左上角格子的行和列:

$$行 = (245 - y)/70 \tag{19-2}$$

$$列 = (x + 160)/70 \tag{19-3}$$

根据行和列可计算得到格子编号。以左上角格子为基准,可计算得到其余占据格子的编号,例如,若“曹操”左上角格子编号为 t,则其余 3 个占据的格子分别为 $t+1$、$t+4$、$t+5$。由于各棋子只会设置列表中不同项的值,因此广播消息后各棋子各自操作不会发生冲突。

载入功能稍微麻烦一些。首先,如果每枚棋子都遍历列表,找到自己所在位置,要保证循环变量的值不会相互影响,即不要使用同一个“适用于所有角色”的循环变量(当在角色间复制脚本时,容易产生这一问题)。解决方法是让循环变量“仅适用于当前角色”。或者换一种实现载入功能的策略:让“载入”按钮来遍历列表,每当找到一枚棋子时(即列表项的值既不等于“0”也不等于“8”),就将代表数字与格子编号放在特定变量中,然后广播“载入”消息。各枚棋子接收到“载入”消息后,如果判断代表数字是自己,就移动到指定格子位置。可以从格子编号计算行和列:

$$行 = 向上取整(格子编号 /4) \tag{19-4}$$

$$列 = 格子编号 - (行 - 1) \times 4 \tag{19-5}$$

再从行和列计算得到目标位置的 x 坐标和 y 坐标：

$$x = 列 \times 70 - 160 \tag{19-6}$$

$$y = 245 - 行 \times 70 \tag{19-7}$$

其次，棋盘上有 4 枚“兵”，它们的代表数字是相同的，载入时应分别安排每枚棋子。可以预设每枚“兵”分别负责列表中第几个值为 7 的格子；“载入”按钮遍历列表的同时，还记录当前是第几个“7”，这样当“兵”接收到消息后，可以分别响应并移动到不同的格子。

19.2.5　用单个变量保存棋局

我们已经能够用列表来保存棋局了，如果想保存多个棋局怎么办？将列表添加入另一个列表中？你可以试一下，会发生什么情况？

尝试将如表 19.2 所示的列表加入另一个列表，你会看到另一个列表中的项是一个数字串，也就是说，原列表被自动转换成一个数字串了。尝试新建一个变量，然后将变量值设为原列表，显示该变量也会发现原列表被自动转换成数字串了。这提示我们，可以用单个变量来保存棋局，而且非常方便：只要将变量值设为列表即可。

如何将变量中的数字串再转成列表呢？可以用（ 的第 个字符）得到数字串中的单个数字，再添加入列表或替换列表中的项。可以自制新的积木语句，参数为表示棋局的变量，积木语句功能是将该变量中的数字串转成特定的列表[①]。

使用单个变量表示棋局的好处是：可以直接用〈 = 〉判断两个棋局是否相同。不过，由于我们采用数字来代表棋子和棋盘空格，而棋盘有 20 个格子，导致棋局需要用 20 位长的数字串来表示。计算机内部采用二进制来表示数并进行计算，Scratch 最大可使用 64 位二进制来表示整数。当变量值为纯数字串时，Scratch 会把纯数字串理解为整数，而 20 位十进制整数刚好超出了 64 位二进制的范围，会导致 Scratch 计算错误[②]。避免这一问题的办法是：用字母来代表棋子和棋盘空格，例如，用“A”“B”“C”…来代表各类棋子；或者在表示棋局的数字串后强制添加一个字母（例如“X”）。这样 Scratch 就只能将表示棋局的串理解为字符串，而字符串的长度限制足够大。为了使本章后续的编程任务能够继续，请你选择一种方法来实现。

---

① 列表无法作为参数传递给自制积木，所以只能在自制积木中直接操作特定的列表。

② 你可以试着让 Scratch 来判断 21030000460507707887 与 21030000460507707878 是否相等。

19.2.6 关于起始编号的讨论

我们从小习惯从 1 开始数数，棋盘左上角格子的位置为第 1 行第 1 列，格子编号是 1～20，……但是在编号与格子的行列位置换算中，从 1 开始编号的方法并不方便(见前面的公式 19-1、公式 19-4、公式 19-5)。如果编号从 0 开始，即棋盘左上角格子的位置为第 0 行第 0 列，格子编号是 0～19，如图 19.6 所示，情况就不一样了。

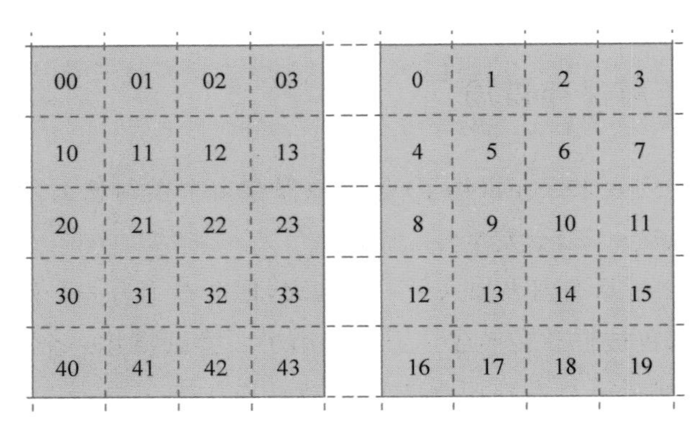

图 19.6 从 0 开始给行列与格子编号

这时，

$$\text{格子编号} = \text{行} \times 4 + \text{列} \tag{19-8}$$

$$\text{行} = \text{向下取整(格子编号}/4) \tag{19-9}$$

$$\text{列} = \text{(格子编号}/4)\text{ 的余数} \tag{19-10}$$

对比公式 19-5 和公式 19-10，计算列时不仅式子简单，而且不再需要先算出行来。

当然，如果格子从 0 开始编号，那么用列表来表示棋局时，第 i 号格子就要对应列表的第$(i+1)$项。在一些计算机程序设计语言(例如 C 语言、C++ 语言、Java 语言、Python 语言)中，也有类似列表这样的功能支持，但列表中的项是从 0 开始编号的，即列表中最前面那项是第 0 项，这就与从 0 开始编号格子完全匹配了。

从 1 开始编号还是从 0 开始编号，涉及一种思维方式和习惯。许多人编程多了以后，逐渐适应和习惯了从 0 开始编号这种思维方式。为了锻炼一下这种思维方式，本章接下来的编程涉及的行、列、格子编号都从 0 开始，这时目标位置的 x 坐标和 y 坐标为：

$$x = \text{列} \times 70 - 90 \tag{19-11}$$

$$y = 175 - \text{行} \times 70 \tag{19-12}$$

19.3　移动棋子

我们来实现用鼠标玩华容道游戏的功能。

19.3.1　操作方式的设计

在华容道游戏中移动棋子，需要知道两项信息：移动哪枚棋子，移动到哪里。一个典型的情况如图 19.7 所示，需要知道移动哪个“兵”，移到哪个空格。

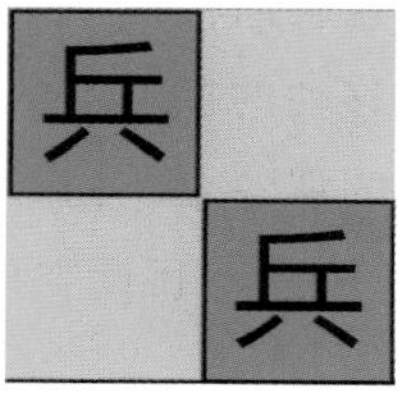

如果用鼠标来操作，显然有两种方法：方法一，先单击要移动的棋子，再单击移动的目标空格；方法二，先单击移动的目标空格，再单击要移动的棋子。

不管哪一种方法，一旦移动了棋子，目标空格就被占住了，棋子原先的位置空出来。为了简化操作，下一步移动可以默认仍然移动该棋子，或者默认目标空格为新空出来的位置。如果默认移动原棋子，对“兵”的连续移动较友好（只要单击下一移动目标空格即可），但“兵”最多连续移动两次，且其他棋子不可能连续移动；如果默认目标空格，则对更多情形较友好（只要单击下一步要移动的棋子即可）。

兵
兵

图 19.7　移动棋子的典型情况

19.3.2　选中状态

棋局开始时，所有棋子或棋盘空格都没有被指定，而一旦移动过棋子，要实现“默认”指定的功能，就需要用变量来记录这种被指定的状态，也可以称为“选中状态”，配合其他程序来实现棋子的移动。

如果采用移动棋子的方法一，因为最后一次单击的是目标空格，所以需要保持被移动棋子的选中状态。可以为每枚棋子新建一个“仅适用于当前角色”的标志变量 checked，棋局开始时，该变量的值为 0，表示没有被选中。如果棋子被单击，先要广播消息，通知所有棋子取消选中状态（即将 checked 设为 0），然后将自己的 checked 设为 1。当单击棋局空处时，鼠标实际上单击了棋盘角色，因此可以由棋盘角色广播消息，通知所有棋子。各棋子收到消息后，只有当本身处于选中状态时才尝试移动。可以用下面的式子来计算目标空格的行与列。

$$行 = 向下取整((175 - 鼠标的\ y\ 坐标)/70)) \tag{19-13}$$

$$列 = 向下取整((鼠标的\ x\ 坐标 + 90)/70) \tag{19-14}$$

当然，目标空格的行列信息也可以由棋盘来计算，然后保存在相应的变量中。

如果采用移动棋子的方法二，因为最后一次单击的是棋子，所以需要保持目标空格的选中状态。可以用“适用于所有角色的”变量来分别表示目标空格的行和列，当棋局开始时，由于没有目标空格被选中，可以将行和列设为远离棋盘的值，例如都设为 100(这样保证不会被误用来移动棋子)。当棋盘被单击时，采用上述公式 19-13 和公式 19-14 来计算目标空格的行和列。当棋子被单击时，尝试向目标空格移动，如果确实能够移动，则要设置新的目标空格位置。如果移动的棋子是“兵”，新的目标空格位置唯一，容易设置，如果移动的棋子不是“兵”，将会新出现两个空格，选哪一个呢？可以选距离原目标空格较近的那一个。19.3.3 节研究如何判断棋子可移动，就能够更清楚地理解这一点。

另外，目标空格的位置除了用行和列来表示以外，当然也可以用格子编号来表示。

19.3.3 判断棋子可移动

不管采用哪种棋子移动方法，都会面临相同的问题：已知棋局、当前棋子位置和目标空格位置，当前棋子是否能移动？

如果当前棋子是“兵”，可能的情形如图 19.8 所示，判断能否移动比较简单。

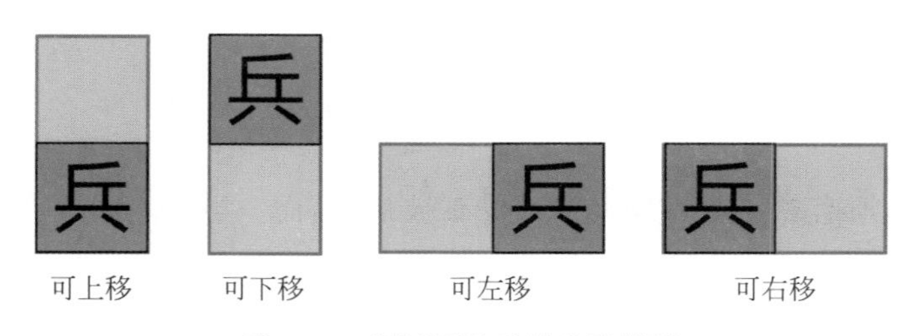

图 19.8 “兵”可移动的几种情形

(1) 如果(目标空格行＝当前位置行－1)且(目标空格列＝当前位置列)(该条件等价于(目标空格编号＝当前位置编号－4))，则能够上移。

(2) 如果(目标空格行＝当前位置行＋1)且(目标空格列＝当前位置列)(该条件等价于(目标空格编号＝当前位置编号＋4))，则能够下移。

(3) 如果(目标空格行＝当前位置行)且(目标空格列＝当前位置列－1)(注意：该条

件不等价于(目标空格编号=当前位置编号-1)),则能够左移。

(4) 如果(目标空格行=当前位置行)且(目标空格列=当前位置列+1)(注意:该条件不等价于(目标空格编号=当前位置编号+1)),则能够右移。

棋子移动后,表示棋局的列表应相应更新:原目标空格位置对应的项变为棋子,原棋子位置对应的项变为空格。要注意,格子编号从 0 开始,而表示棋局的列表项编号从 1 开始。

如果当前棋子是“马超”等竖放的棋子,判断能否上下移比较简单。

(1) 如果(目标空格行=当前位置行-1)且(目标空格列=当前位置列)(该条件等价于(目标空格编号=当前位置编号-4)),则能够上移。

(2) 如果(目标空格行=当前位置行+2)且(目标空格列=当前位置列)(该条件等价于(目标空格编号=当前位置编号+8)),则能够下移。

判断能否左右移比较复杂,如图 19.9 所示,既要考虑目标位置可能在棋子位置的左右两侧,也可能比左右两侧低一行,又要保证左右两侧有足够空格。因此,

(1) 如果((当前位置编号-1)为空格)且((当前位置编号+3)为空格)且(目标空格列=当前位置列-1),则能够左移。

(2) 如果((当前位置编号+1)为空格)且((当前位置编号+5)为空格)且(目标空格列=当前位置列+1),则能够右移。

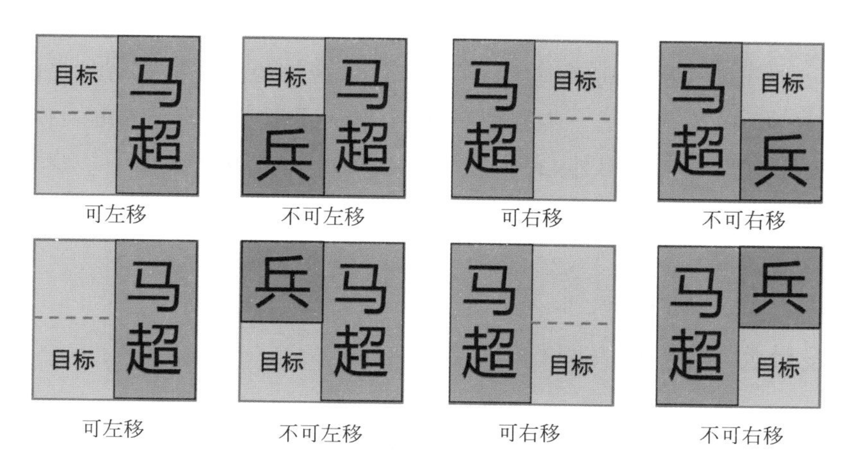

图 19.9　判断竖放棋子能否左右移

如果要保持目标空格的选中状态,左移后可以设置(原目标空格编号+1)为新的目标空格,右移后可以设置(原目标空格编号-1)为新的目标空格。

左移后更新棋局列表,棋子原位置对应的项与(棋子原位置+4)对应的项都变为空格,(棋子原位置-1)对应的项变为棋子,(棋子原位置+3)对应的项变为棋子占据。右移后更新棋局列表,(棋子原位置+1)对应的项变为棋子,(棋子原位置+5)对应的项变为棋子占据。

如果当前棋子是“关羽”这个横放的棋子,判断能否左右移比较简单,判断能否上下移比较复杂,请你思考并实现。

如果当前棋子是“曹操”,也请你思考并实现。

19.4 自动求解华容道

前面已经实现了华容道游戏,而且还有保存与载入功能。你能从初始棋局,顺利将“曹操”移到指定位置成功完成游戏吗？这一节,我们打算让计算机来帮我们找到华容道游戏的解法。

19.4.1 自动求解思路

思路其实很简单:不断枚举所有可能的移动棋子的方法,从而找到一个操作序列能够完成游戏。进一步能够想到,每一步移动之后,都应该检查一下是否是之前已经出现过的某个棋局,如果是,那么这一步移动要放弃,回退到上一步的棋局继续枚举,从而避免在几个棋局间不停打转。另外,有些移动会导致死局(所有可能的下一步移动都会形成之前已有的棋局),这种死局也要避免。最后,很可能需要连续多次回退棋局,才能枚举到正确的移动方法。

19.4.2 设计数据结构

数据结构是计算机存储和组织数据的方式,为了有效支持程序求解问题,需要采用合适的数据结构。

根据自动求解华容道的思路,我们需要一个列表用来保存每一步的棋局,这样才能够判断是否出现重复的棋局;还要保存每一步的移动方法,这样才能在放弃并回到之前棋局时能够继续尝试其余的移动方法,因此每一步移动方法也需要用列表来保存,并且与棋局列表中的项一一对应;还要有一个列表用来保存所有的死局,如图 19.10 所示。

序号	棋局列表		移动方法列表		死局列表
1	AAAAAAAAAAAAAAAAAAAA	⟷	aaaaaa		XXXXXXXXXXXXXXXXXXXX
2	BBBBBBBBBBBBBBBBBBBB	⟷	bbbbbb		YYYYYYYYYYYYYYYYYYYY
3	CCCCCCCCCCCCCCCCCCCC	⟷	cccccc		
4	DDDDDDDDDDDDDDDDDDDD	⟷	dddddd		
5	EEEEEEEEEEEEEEEEEEEE	⟷	eeeeee		

图 19.10　自动求解华容道的数据结构示意图

棋局列表中的项和死局列表中的项,都是棋局的表示,在前面的章节中已经讨论过。移动方法列表中的项,用来表示一种移动棋子的方法,同时还需要能够据此知道下一种要尝试的棋子移动方法。因此,需要人为地给不同的棋子移动方法规定一种顺序。

由于棋盘格子都已编号,是有顺序的,所以可以基于这种顺序来规定尝试棋子移动的顺序。棋盘上有两个空格,对于每一个棋局,可用 1 表示编号小的空格,用 2 表示编号大的空格;同样,对于棋盘上的 4 个"兵",可以用 1 表示位置编号最小的"兵",用 2 表示位置编号次小的"兵",以此类推。对于不同的棋子来说,不管是用数字还是用字母来代表,本身就有了顺序,而代表棋子占据的数字或字母可以用来表示"没有指定棋子",即"未尝试移动"。例如,基于表 19.1 表示棋子的方案,用三位数字串来表示尝试移动棋子的方法:第一位数字表示目标空格,取值为 1 或 2,第二位数字表示棋子,第三位数字表示第几个"兵"。那么,"100"可表示还没有尝试任何移动(因为第二位的 0 表示没有棋子);"110"表示选中棋子为"曹操",目标空格为编号小的那个空格(第三位的数字没有意义);"231"表示选中棋子为"赵云",目标空格为编号大的那个空格(第三位的数字没有意义);"272"表示选中棋子为"兵",并且是编号次小的那个"兵",目标空格为编号大的那个空格。每当出现一种新棋局时,由于还没有尝试移动棋子,所以可以用"100"来表示这种情况;然后依次尝试"110""120""130"…"160""171""172""173""174""210""220"…"260""271""272""273""274"。"274"之后没有下一种移动方法了,如果这时还需要尝试,说明当前棋局是一个死局。

19.4.3　细化求解算法

根据自动求解的思路,利用设计的数据结构,细化自动求解算法如下。

(1) 初始化：将初始棋局放入棋局列表，将“没有尝试任何移动”加入移动方法列表，死局列表为空，成功完成游戏的标志为 0
(2) 重复执行直到(棋局列表为空)或者(成功完成游戏的标志为 1)
(3) 从棋局列表中取最末尾的棋局作为当前棋局
(4) 从移动方法列表中取最末尾的移动方法
(5) 如果没有下一种移动方法
(6) 把当前棋局放入死局列表
(7) 删除棋局列表最末尾的项
(8) 删除移动方法列表最末尾的项
(9) 否则
(10) 得到下一种移动方法
(11) 用新的移动方法替换移动方法列表的最末尾项
(12) 用新的移动方法尝试移动棋子
(13) 如果“曹操”在棋盘的第 13 号格子
(14) 将成功完成游戏的标志设为 1
(15) 否则
(16) 如果(棋局列表不包含当前棋局)并且(死局列表不包含当前棋局)
(17) 这是个新棋局，将它添加到棋局列表末尾
(18) 将“没有尝试任何移动”添加到移动方法列表末尾

步骤(2)的重复执行条件中，“棋局列表为空”是很重要的一个条件，当棋局列表为空时，说明在初始棋局下所有可能的移动方法都尝试过并且没有最终成功，初始棋局无解。如图 19.1 所示的华容道开局是有解的，但也确实存在无解的开局。

步骤(11)先更新当前棋局下的尝试移动棋子方法，然后再尝试移动。如果最终成功完成游戏，那么移动方法列表中就是完整的棋子移动序列。

步骤(16)对棋局列表不包含当前棋局的判断，涵盖了所尝试的棋子移动方法其实无法移动的情况，因为这时棋局没有变化，等于棋局列表中最末尾一项。当然，如果提前判断是否真的移动了棋子，那么当没有移动棋子时，可以跳过步骤(13)～(18)。

如果步骤(14)将最终棋局也添加到棋局列表,那么利用前面实现过的载入功能,依次载入棋局列表中的各项(可以在载入各项之间等待一小段时间),就可以看到棋局是如何一步一步变化直到成功的。

请你尝试按上述算法实现程序。当然,步骤(12)不需要真的移动棋子位置,只要更新棋局表示即可,这与用鼠标来玩华容道游戏有所区别。运行程序,看看最终移动方法列表有多少项,这说明程序用了多少步成功完成了华容道的游戏。

19.5　思考与挑战

19.5.1　加快自动求解 1

前面编程实现了华容道的自动求解,你可以在程序运行结束之前就暂停,例如,当棋局列表长度达到 500 时暂停,或者达到 1000 时暂停。然后利用载入功能,一步一步看自动求解程序是怎样移动棋子的。你会发现许多不必要的移动。这些不必要的移动会延长程序完成游戏的时间。我们来想办法加快自动求解过程。

棋局中 4 枚“兵”被认为是相同的,其实 4 枚竖放的 2×1 方格的棋子起到的作用相同,如果忽略它们造型上的区别,也可以当成是另一类相同的棋子。这样的话,这 4 枚 2×1 方格的棋子彼此交换位置,会被认为是相同的棋局,从而减少自动求解过程中可能的棋局数。

请你仿照处理“兵”的方法,修改华容道自动求解的程序,看看能够用多少步完成游戏。

19.5.2　加快自动求解 2

修改后的自动求解程序还能更快吗?当然!初始棋局是左右对称的,如果我们将图 19.11 中的两个棋局也认为是相同的,即将互为镜像对称的两个棋局认为是相同的,那就可以进一步减少可能的棋局数。

如何方便地实现这个想法呢?当你需要将一个新棋局添加到棋局列表末尾之前,先生成新棋局的镜像棋局,如果镜像棋局与新棋局不同,则将镜像棋局加入死局列表。想一想,为什么?需要注意的是,生成镜像棋局不能简单地把每一行的第 0 列与第 3 列格子交换、将第 1 列与第 2 列格子交换。

请你实现上述加快自动求解的程序,看看能够用多少步完成游戏。

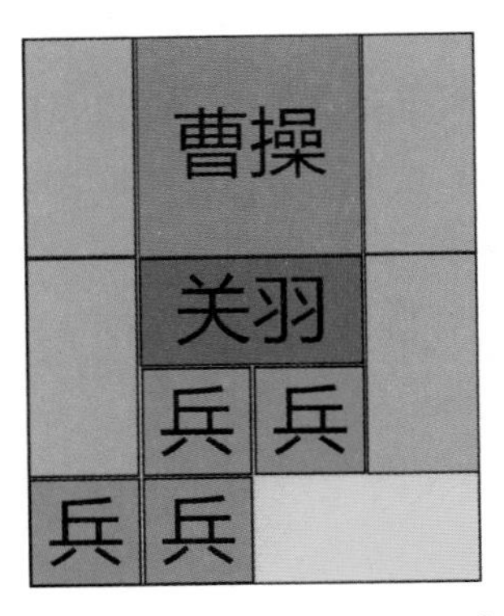

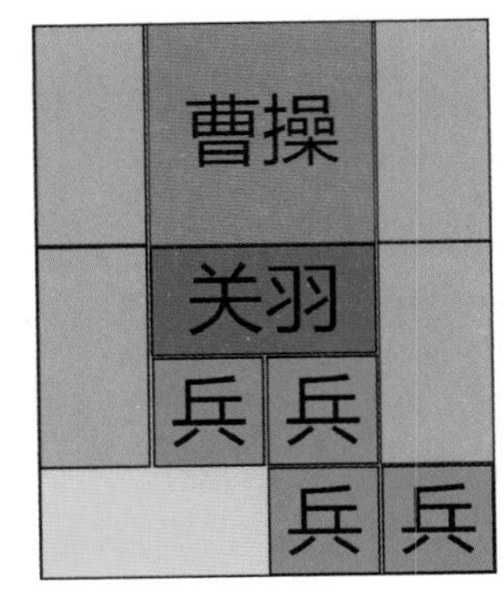

图 19.11 镜像对称的两个棋局

19.5.3 最优解法

即使应用了上面两种加快自动求解的策略，仍然能够很容易地看出棋子的移动序列有可优化之处。如何能够让自动求解程序得到最优的棋子移动序列呢?

如果将棋局看作岔路口，每一种可能的棋子移动尝试是一条岔路，那么我们前面的自动求解策略是不断向路的前方深处去探索，遇到走过的路口就回退并尝试下一条岔路，直到到达目的地(或者尝试过了起点路口的所有岔路，发现没有通往目的地的路径)。这是一种不断向前“不撞南墙不回头”的策略，更正式的说法是“深度优先”策略，得到的棋子移动序列很可能“绕路”。

对于如图 19.12 所示的地图来说，假设按从左往右的顺序尝试不同的岔路，那么深度优先策略探索地图的顺序如图 19.13 所示。

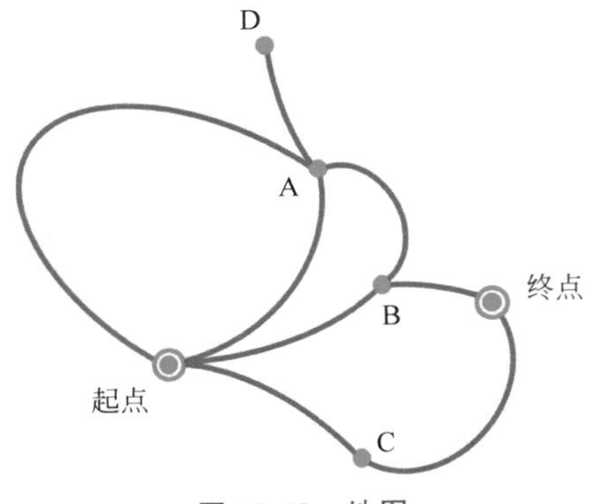

图 19.12 地图

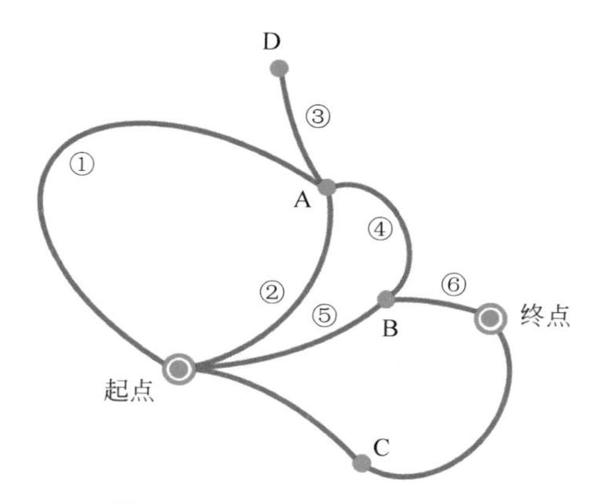

图 19.13　深度优先的探索顺序

（1）首先在起点路口尝试岔路①，到达 A 点路口。

（2）在 A 点路口，先尝试岔路①到达走过的起点路口，应回退到 A 点路口；再尝试岔路②，仍到达走过的起点路口，应回退到 A 点路口；再尝试岔路③到达 D 点路口。

（3）在 D 点路口，尝试路径③到达走过的 A 点路口，应回退到 D 点路口；没有更多岔路了，回退到 A 点路口。

（4）在 A 点路口，接着尝试岔路④，到达 B 点路口。

（5）在 B 点路口，先尝试岔路⑤到达走过的起点路口，应回退到 B 点路口；再尝试岔路④到达走过的 A 点路口，应回退到 B 点路口；再尝试岔路⑥到达终点。

因此深度优先策略得到的路径是：起点路口经岔路①到 A 点路口，经岔路④到达 B 点路口，经岔路⑥到达终点。

如果换一种称为"宽度优先"的策略，探索的顺序和结果就不一样了。宽度优先策略在起点路口时，先向所有岔路都走一步，看看是否到达终点；再从所有一步可及的路口，向所有岔路走一步，看看是否到达终点；再从所有两步可及的路口，向所有岔路走一步，看看是否到达终点；……当然，"向所有岔路都走一步"是思想上的做法，实际操作时可以依次尝试。在探索的过程中，如果遇到已走过的路口，显然当前岔路的走法绕远了（至少不是更优的走法），可以忽略该路径，不必再考虑后续走法了。

如图 19.14 所示，假设按从左往右的顺序依次尝试不同的岔路和路口，宽度优先策略探索地图的顺序如下。

（1）在起点路口尝试岔路①到达 A 点路口；尝试岔路②时，到达走过的 A 点路口，不再保留此路径；尝试岔路③到达 B 点路口；尝试岔路④到达 C 点路口。

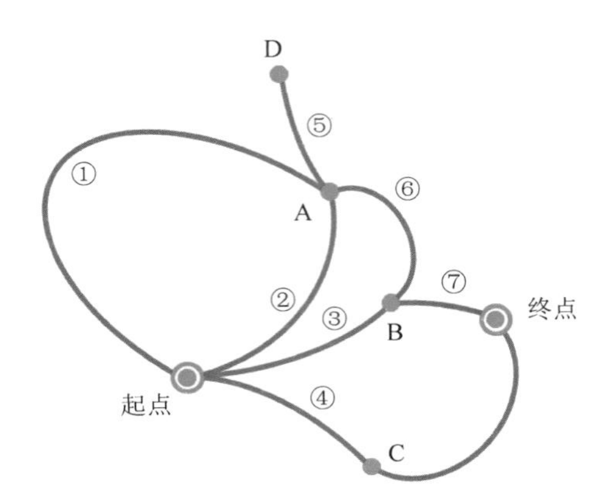

图 19.14 宽度优先的探索顺序

(2) 在 A 点路口，尝试岔路①到达走过的起点路口，忽略该路径；尝试岔路②到达走过的起点路口，忽略该路径；尝试岔路⑤到达 D 点路口；尝试岔路⑥到达走过的 B 点路口，忽略该路径。

(3) 在 B 点路口，尝试岔路③到达走过的起点路口，忽略该路径；尝试岔路⑥到达走过的 A 点路口，忽略该路径；尝试岔路⑦到达终点。

因此宽度优先策略得到的路径是：起点路口经岔路③到达 B 点路口，经岔路⑦到达终点。

请你采用宽度优先的策略，编写自动求解华容道的程序。提示：

(1) 使用棋局列表，初始时只有一项：初始棋局。

(2) 从棋局列表的第 1 项开始，逐项往后取出未尝试过的棋局，并尝试移动棋子。

(3) 棋子移动后得到的新棋局，依次添加到棋局列表末尾。

(4) 应用 19.5.1 节和 19.5.2 节的策略可以有效减少可能的棋局数量，加快求解速度。

(5) 需要记录信息，表明棋局列表中第 i 个棋局是从棋局列表中第 j 个棋局移动棋子而得到，这样能够得到完整的棋子移动序列。

(6) 对于图 19.1 的开局，宽度优先策略为了得到最优的解，会比深度优先策略花更多时间(在应用了 19.5.1 节和 19.5.2 节的策略后，仍需要探索一万两千多个棋局，才能找到最优的棋子移动序列)。

第20章 打气球

随着计算机的发展与普及,游戏已经成为一种产业,在互联网迅速发展的今天,网络游戏、手机游戏也在迅速发展壮大。我们已经用Scratch编写了许多小游戏,不过都是出于一些简单的、基础的想法。真正的计算机游戏设计与开发涉及许多理论知识与技术。本章以一个简单的打气球游戏为例,介绍一些常用的让游戏更丰富、更有趣的手段,让你能够更系统化、更理性地思考游戏的设计,编写出更精致、好玩的游戏。

20.1 基础游戏

请你先根据下面的说明,实现基础的打气球游戏。

20.1.1 准星

删除小猫角色,绘制如图20.1所示的准星角色。准星可以看作由2个同心圆和4条短线段组成。在绘制圆形时,注意选择填充颜色为 ,这样准星内部是透明无色的,能够透过准星显示出准星后面的物体,而且透过准星能够单击到后面的背景或角色。放大造型面板的绘图区,让造型中心与圆心重合。

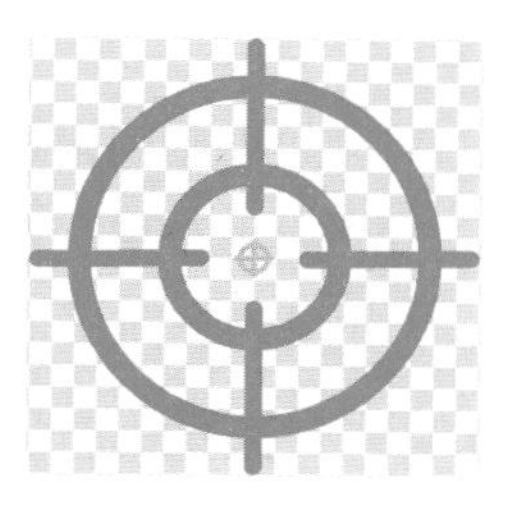

图20.1 准星

为准星角色编写脚本程序,让游戏开始后,准星会永远跟随鼠标。

20.1.2 随机气球

从角色库中选择 Balloon1，当游戏开始后隐藏自己，然后按图 20.2 的流程图不断克隆。该流程图表明，每隔一段时间克隆出一只气球，初始间隔为 1.5 秒，以后每克隆 5 只气球就减少 0.1 秒间隔，但最短间隔为 0.3 秒。

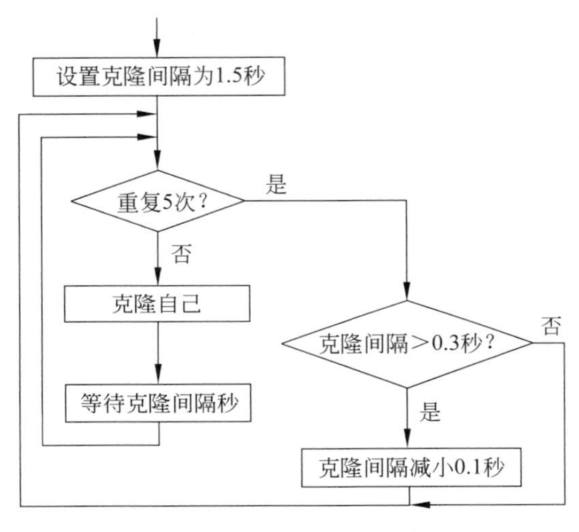

图 20.2 不断克隆气球

为每个克隆出的气球编写程序，实现以下效果。

(1) 克隆出来后，以随机造型显示在屏幕下边的随机位置（x 坐标在[－200，200]范围，y 坐标为－150）上。

(2) 克隆体以一个随机的速度匀速上升，在 2～5 秒的时间范围内可上升到屏幕顶部。

(3) 如果碰到屏幕边缘，则删除该克隆体，游戏结束。

(4) 如果被鼠标单击，播放声音 Pop，游戏得分加 1，然后删除此克隆体。

20.1.3 其他

为游戏添加背景 BlueSky 和背景音乐 Xylo3。

当游戏结束时，停止背景音乐和屏幕上所有气球的克隆体，并在屏幕上显示“GAME

OVER"字样。

完成后的基础游戏看起来如图 20.3 所示。

图 20.3　基础的游戏

20.2　让游戏更丰富有趣

在本书前面的章节中，我们编写了很多游戏。出于灵机一动，或者以前玩游戏的经验，我们提出并实现了一些让游戏更丰富有趣的内容。就以本章前面的打气球游戏为例，我们用随机的方法来实现气球的随机位置、随机颜色和随机上升速度；打破气球有声音，有得分；气球出现的时间间隔会越来越短；游戏过程中有背景音乐。这一切已经使游戏很好玩了，但如果能够更系统化、更理性地来看待和思考已有的游戏，对该游戏的认识可能更深刻，有利于提出让游戏更优秀的设计。

1. 乐趣点

游戏来源于生活体验，这些生活体验各有乐趣点。有些游戏，如赛车、足球、棋牌游戏等，对生活体验的仿真程度较高，比较明显；有些游戏则不那么明显，例如愤怒的小鸟游戏，主要是控制抛物的曲线，乐趣点在于精准的操作，超级玛丽游戏主要是探索迷宫，又加上了躲避敌人、收集物品等要素，集探索、解谜、反应、收集等诸多乐趣点。

常见的游戏乐趣点还有：选择、幻想、运气、挑战、学习、成长、策略、赌博、对比等。思考一下，你玩过的游戏各提供了什么样的生活体验，有哪些乐趣点？一款游戏能够突出地提供 1～3 个乐趣点，就已经很有趣了。

2. 情绪曲线

在生活中，人们感受到快乐与悲伤、紧张与放松，都是因为情绪的起伏变化。小说、戏剧都强调情节上的跌宕起伏，同时也是情绪上的起伏。在好莱坞电影中，英雄在辉煌结局到来之前，一定会先陷入最困难的境地。玩游戏的过程也是这样，如果让玩家的情绪有节奏地起伏，就会给玩家带来乐趣；相反，如果缺乏情绪变化，玩家会很快适应游戏节奏，进入相对平淡无聊的状态。

3. 基础体验

基础体验是指玩游戏过程中的基本操作体验。首先应让玩家容易观察到游戏过程的变化发展，其次让玩家容易知道要操作什么和如何操作，而且操作相对简单，有及时明显的反馈。通过优化游戏中的一些细节，有助于提升游戏的基础体验。

4. 表现力

表现力是指用画面、音乐、音效等手段强化玩家的游戏感受。游戏画面的精细程度和美观程度、游戏的场景氛围、视觉特效和冲击力、背景音乐是否优美动听符合游戏剧情、音效是否恰当，都很大程度影响玩家的游戏感受。游戏开发公司往往要在游戏的表现力上投入大量成本。

我们试着从以上四个方面来审视已经完成的打气球游戏，看看能够如何改进它，让它更加丰富、有趣。

20.3 改进打气球游戏

基础的打气球游戏主要的乐趣点在于反应：随着游戏进行，气球出现得越来越多，如果操作跟不上，游戏就会结束。由于气球有随机的位置、颜色、上升速度，出气球的间隔不断减小，打破气球有计分机制，使得游戏有一些基本的变化和情绪波动，增加了游戏的趣味性。但是，在乐趣点、情绪曲线、基础体验、表现力等方面进一步改进，能够让游戏明显地丰富和更加有趣。

20.3.1　加入乐趣点“选择”

对于基础的打气球游戏来说，优先击破更加靠近舞台顶端的气球显然是一种较好的策略。如果加上“风险与回报”的选择，可能就不一样了。为此，我们引入“连击”的设置：如果连续击破同色的气球就判定为连击，非连击得 1 分，而连击可以得 3 分。这样，玩家就会面临选择：击破同色气球会得到高分回报，但在等待出现并击破同色气球的过程中，异色气球上升会带来风险。玩家需要计算并权衡风险与回报，从而获得乐趣。风险与回报是常用的一种选择方式。

为了实现连击的判定，只需增加一个变量 lastBalloon 来记录上一次打破的气球的颜色(即造型编号)。当气球克隆体被单击时，如果该克隆体的造型编号等于 lastBalloon，则得分加 3，否则得分加 1 并更新 lastBalloon 的值。

这样修改之后，会出现一个不好的游戏体验：当异色气球上升接近舞台顶端时，玩家将不得不中断连击。为了改善这一体验，可以让克隆体在上升过程中不断改变颜色，例如：每过 1 秒钟，克隆体就会随机变化成某种颜色(当然也可能变化成原先的颜色，效果是颜色不变)。有了这样的设置，玩家不得不中断连击的可能性就会明显降低。同时，气球颜色变化也带来了“运气”“期待”等辅助的乐趣点。

我们可以进一步加强这种风险与回报的选择：让连击的得分会随着连击数的增加而增加。为此，新加一个变量 combo，当发生连击时，combo 加 1，得分增加 combo；连击中断时，combo 变回 1。连击回报越丰厚，就会越强烈地吸引玩家进行选择。

20.3.2　加入情绪调节手段

在基础的打气球游戏中，随着气球出现间隔越来越短，屏幕上气球越来越多，玩家会越来越紧张。加入连击得高分的设置后，连击的增多会使玩家兴奋，连击中断则兴奋感回退。我们想加入某种更显著的调节情绪的手段，一方面能够放大玩家的紧张兴奋感觉，另一方面又能适时舒缓紧张感，因此加入“彩色气球”的设计。

在造型上，彩色气球应与其他纯色气球有明显区别，例如，加上彩色条纹，或者彩色斑点。规定：

(1) 彩色气球前后与任何颜色气球衔接都算连击，即“红→彩→黄”算 3 连击。这样可大大增加连击机会和连击的累计次数。在编程实现上，只需要修改连击的判断条件即可。

(2) 彩色气球需要单击 5 下才会被打破。这样有两个效果，一是可以在彩色气球上快速多次单击，带来操作上的紧张感；二是同一个彩色气球可以被多次用于不同颜色气球间的连击过渡，使得玩家的连击策略更丰富，进一步增加连击机会和连击回报。与 5 次单击相对应，让彩色气球每次单击后都增大一些(适当增加角色大小)，这样既有视觉反馈，又方便提醒玩家彩色气球的单击进度；在程序实现上，可以通过角色大小来判断是否已经被单击 5 次，而不必另外引入新的变量。

(3) 彩色气球打破后，所有其他气球暂停上升 2 秒。暂停所有气球既是对打破彩色气球的奖励，又能够让玩家暂时放松一下。在游戏后期出现大量气球时，这种暂时放松能够有效舒缓玩家的紧张情绪。在暂停期间，新气球的生成也应该暂停。

(4) 彩色气球显然不应该太多，可以设置有 10%的概率出现彩色气球。

实现暂停 2 秒的功能稍微麻烦一些。在编程实现上，如果气球由“仅适用于当前角色”的变量 speed 控制上升速度，那么当彩色气球被击破时，发送消息；气球克隆体接收到消息后，先将 speed 设置为 0，等待 2 秒后，再恢复原先的值(原先值可以存储在另一个“仅适用于当前角色”的变量中)。对于负责克隆的原角色，可以在初始时设置 speed 为某个值，彩色气球被击破的消息也会触发原角色改变 speed 值，因此在克隆新气球之前 等待 ( ) 秒 的积木语句前，插入一个 等待 <speed > 0> 即可暂停生成新气球。

在其他气球快要结束暂停前刚好又打破了一个彩色气球，会不会出现刚暂停，上一次的暂停时间就到了，气球又继续上升的情况呢？请你想办法测试一下这种情况。实际上，测试结果表明，如果在前一次消息响应的脚本还没有执行完成前，又接收到相同的消息，那么未执行完的脚本不再继续执行，新的消息导致消息响应的脚本重新开始执行。换句话说，对于同一个角色或克隆体，同一时间可以执行多个脚本，但每个脚本都是不同的程序段。可以理解成 Scratch 为每一段脚本都设置了一个“仅适用于当前角色或克隆体和当前脚本”的变量，该变量指示了该脚本执行到哪里。当同一个角色或克隆体再次执行某段脚本时，不管该变量之前是什么值，都被重置为指示向脚本的第一条积木语句，从而该脚本即使之前正在执行中并未执行完，也不再继续执行，而是重新从第一条积木语句处开始执行。

彩色气球的加入强化了游戏过程中的短时情绪波动，不过整体来看，气球仍是越来越频繁地出现，玩家情绪逐渐紧张。为此，我们修改气球出现间隔的调整算法。之前的调整是每出现 5 个气球，间隔减少 0.1 秒，现在改为每打破 5 个气球，间隔减少 0.1 秒，但是同时彩色气球引起的暂停时间延长 0.2 秒，让玩家有更多时间清理舞台上的气球。当然，气球出现的间隔最小仍为 0.3 秒，并且设置暂停时间最长为 4 秒。

我们还可以加入更长时的情绪控制——引入关卡的概念。初始是第 1 关，每打破 30 只气球就进入下一关。在新一关开始时，气球出现间隔为(1.7－0.2×关数)秒，彩色气球引起的暂停时长为(1.1＋0.4×关数)秒。在舞台上可以显示当前为第几关，关数也能成为玩家追求的游戏目标。

20.3.3　提升基础体验

为了让游戏更丰富有趣，我们已经增加了不少元素，是时候审视一下游戏的细节，优化并提升游戏的基础体验了。

1. 调整触顶边界

有些气球上升的速度较快，当玩家看到气球快要接触舞台边缘时，要留少量时间让玩家来得及反应去击破，因此可适当放宽气球触顶的游戏结束条件。可以将气球碰到屏幕边缘的条件改为气球的 y 坐标大于某个值，例如，比刚好触顶时的 y 坐标值再大 20，这样对玩家更友好。

2. 变色预警

连击是游戏重要的功能，气球变色提供了更多连击机会。但有时玩家想单击气球时刚好碰上气球变色，连击就中断了，这给玩家的感受很不好。因此，需要在气球变色前给玩家某种预警信号。可以采用气球外观的其他图形特效来实现预警。例如，使用像素化特效，当气球变色后，先用 清除图形特效，再循环多次用 将 像素化▼ 特效增加 ( ) 或 将 像素化▼ 特效设定为 ( ) 逐步改变气球的像素化特效，直至达到变色的时间间隔。

3. 彩色气球单击暂停

彩色气球是一种奖励机会，但需要单击多次才能打破，如果正好是一个上升较快的彩色气球，玩家需要追着才能做到连续单击。因此修改气球被单击的消息响应程序，当克隆体是彩色气球时，执行以下脚本。

(1) 如果 speed 不等于 0
(2) 　　保存 speed 的值
(3) 　　让 speed 等于 0
(4) 等待 0.3 秒
(5) 恢复 speed 原值

如果在暂停的 0.3 秒内再次单击彩色气球并触发消息响应，speed 不等于 0 的判断可以避免原 speed 值被 0 替换掉。等待和恢复 speed 原值的语句，可以确保暂停和恢复气球上升。

4. 气球暂停不变色

打破彩色气球使所有气球暂停上升，这时暂停的气球仍会改变颜色，特别是加上变色预警特性后，气球外观会不断改变，这与通常的暂停效果不一样，不符合通常的玩家预期。修改的方法很简单，只要在控制变色的循环中，加上 speed 不等于 0 的判断即可，即当 speed 等于 0 时循环的执行内容为空。在该循环中插入 等待 speed > 0 也能达到相同的效果。

20.3.4 提升表现力

在打气球游戏中，配合玩家情绪的上升与下降，可以实现许多音乐、音效、画面的效果，强化玩家情绪变化的感受。这里仅提出两种方案。

1. 强化打破彩色气球的表现力

打破彩色气球是一个兴奋点，可以强化这一感受。为此绘制一个新角色，造型为覆盖整个舞台的白色，游戏开始后隐藏起来。当彩色气球被打破时，广播一个消息，新角色收到消息后播放声音 DrumBass1，在舞台最前面显示 0.1 秒后再隐藏，产生闪光效果。

2. 强化连击数的表现力

连击数是一种成就感，可以强化这一感受。为此新建一个新角色，为 5，10，15，20 以及更多 5 的倍数的连击分别绘制一个造型，内容分别为“5 普通连击”“10 超级连击”“15

大师连击""20 传奇连击""神之连击!!!",每个造型中文字的颜色不同。当连击达到 5 的倍数时,就广播消息,新角色收到消息后,根据连击数决定在舞台上闪现哪个造型,同时配合播放不同的音效。闪现造型时还能加上外观特效,例如,文字先逐渐变大,再逐渐恢复。

20.4 思考与挑战

本章的内容比较抽象,需要仔细体会。请你把基础游戏和依次加上更多功能的游戏保存成不同的版本,这样便于比较。有些功能设计不难,但实现不容易。随着功能一项一项增加,程序的复杂程度更快速地增加,不同功能之间的协调一致可能会出问题,有时甚至需要改变基础游戏的程序结构与实现方法。可以想象,开发制作那些大型的、精美的游戏,是非常不容易的事情。

请你从以前的游戏中挑选一个喜欢的,尝试用本章介绍的知识和视角来分析它,改进它,把它变成一个更丰富有趣的好游戏。

附　　录

附录 A

流　程　图

流程图是常用的表示程序流程和内容的方法。与伪代码相比，流程图对程序流程的表示更加一目了然。

程序流程有 3 种基本结构：顺序结构、循环结构和分支结构。不管多么复杂的程序，都由这 3 种结构组合而成。

A.1　顺序结构

如图 A.1 所示的 Scratch 脚本就是典型的顺序结构，即各条积木语句按照出现的顺序依次执行。

在流程图中，常用矩形来表示语句，用带箭头的直线或折线来表示语句的执行顺序。图 A.1 所示的脚本可用如图 A.2 所示的流程图来表示。

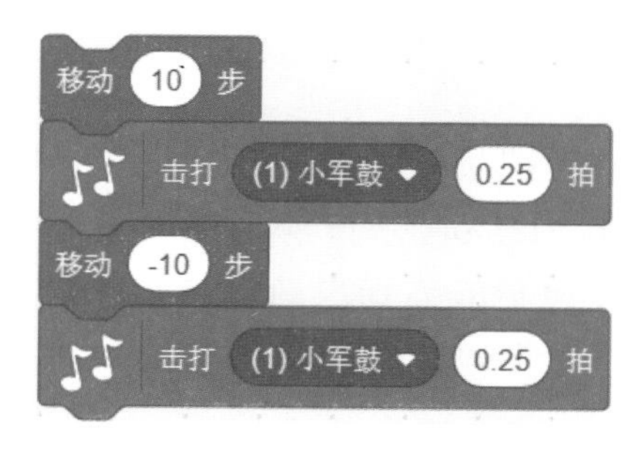

图 A.1　顺序结构脚本

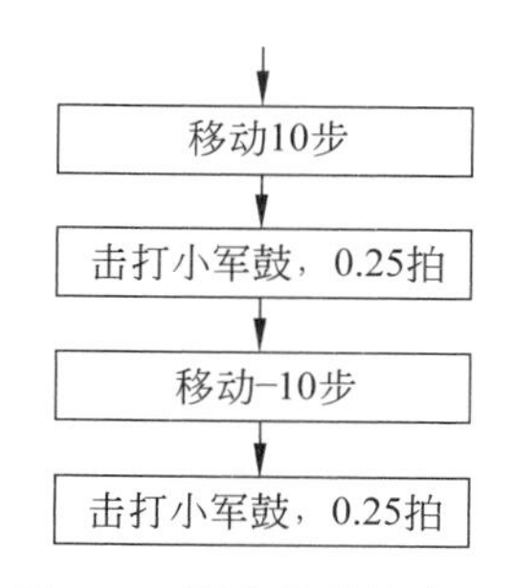

图 A.2　顺序结构流程图

A.2 循环结构

如图 A.3 所示脚本是典型的循环结构中嵌入了顺序结构。

用流程图来表示,如图 A.4 所示。当最后一条弹奏的积木语句执行后,程序沿着箭头继续执行第一条移动的积木语句。

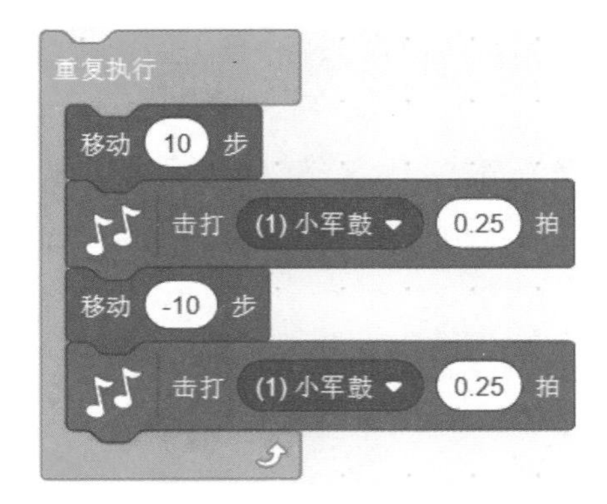

图 A.3 循环结构脚本

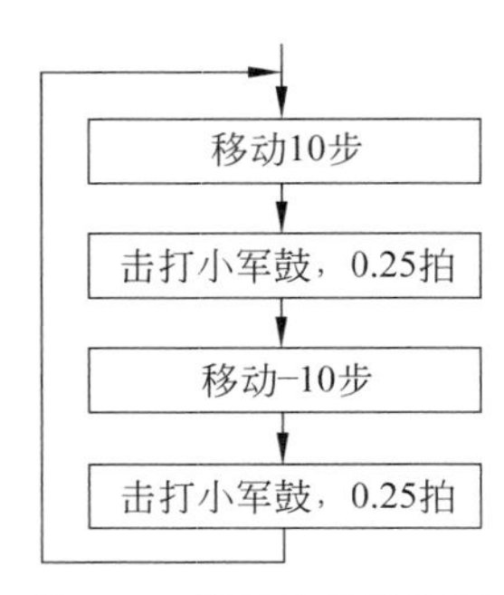

图 A.4 循环结构流程图

A.3 分支结构

我们生活中经常要根据实际情况采取不同的行动。例如,清华大学附属小学每周一有升旗仪式,要求学生穿制服式校服到校,而其他日子则穿普通校服。因此学生每天出门上学时,就可根据如图 A.5 所示的流程来确定穿哪种校服。在流程图中常用菱形来表示带判断条件的语句,在不同的程序流程分支处写上相应的判断结果。

3 种程序流程组合在一起就构成了各种各样的程序。可以根据流程图来实现相应的程序代码。例如,如图 A.6 所示的流程图,可以翻译为如图 A.7 所示的 Scratch 脚本。

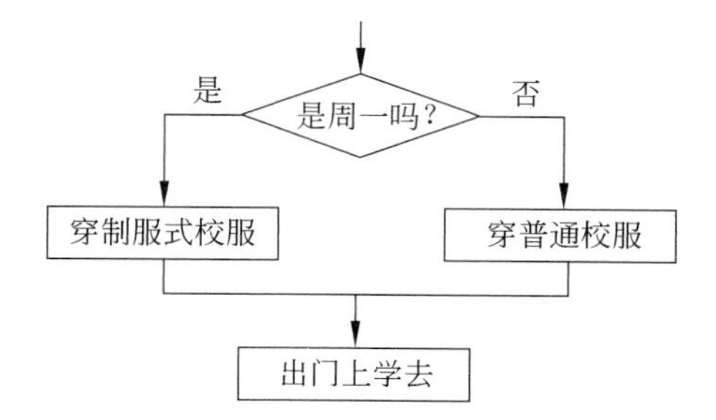

图 A.5　分支结构流程图

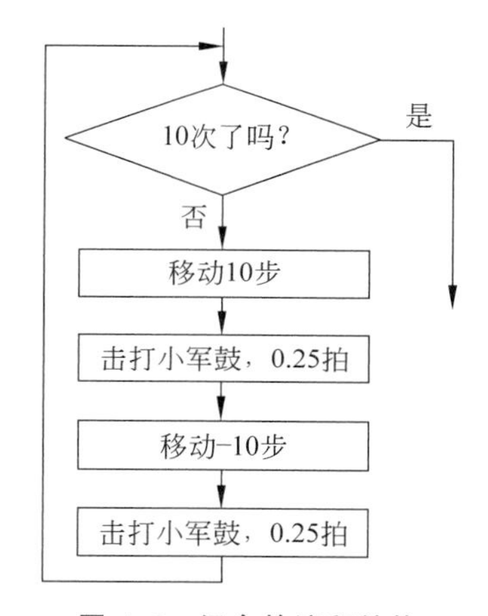

图 A.6　组合的流程结构

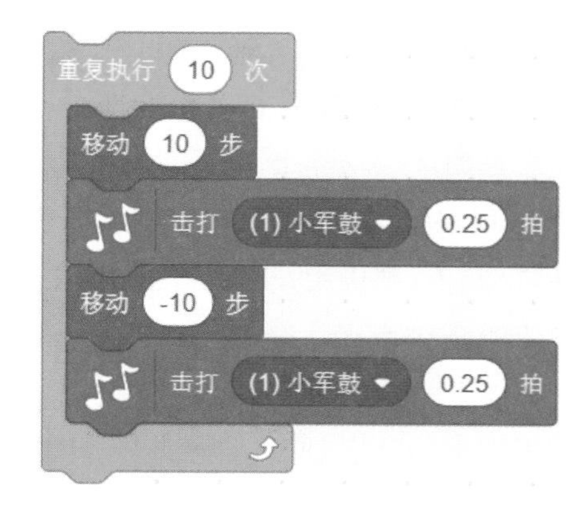

图 A.7　流程图对应脚本

附录 B

按键的侦测

在 Scratch 中有两种方法可以不断侦测按键并执行相应动作，方法一如图 B.1 所示，组合控制类积木和侦测类积木；方法二直接使用事件类积木。

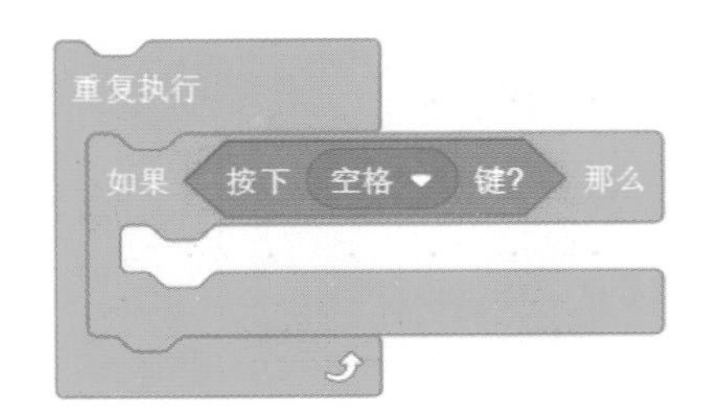

图 B.1　不断侦测按键

两者从意义上看都能达到相同效果，但在实际执行时，如果按住键不松开，则表现略有差别。请你试一下，例如，按键后控制一个角色旋转一定角度，方法一只要按住键，角色就能够不停地旋转；方法二按下键后，角色会旋转一下，然后停顿一小段时间，再开始不停地旋转。

实际上，键盘按键的动作可细分为键按下和键松开两个小动作，键按下再松开构成一个完整的按键动作。一个完整的按键动作会被键盘认为是一次按键输入操作；而当键按下还没有松开时，为了避免因为松开动作慢而导致多次按键输入，键盘会等待一小段时间，如果这一小段时间内键松开了，则确定只有一次按键输入，否则键盘认为是有意地连续输入多个按键。方法二依赖于键盘产生的输入操作，所以如果按住键，角色旋转会出现小的停顿。

方法一只侦测键是否处于按下的状态，所以角色旋转不会出现小的停顿。

在一些游戏中，例如飞机大战，往往一直按住方向键让飞机不断往某个方向移动，或者一直按住发射子弹的键，这时用方法一能够保证及时且连续地响应按键动作。

附录 C

几种重复语句的比较

在 Scratch 中有几种具有重复效果的语句。

(1) 永远地重复执行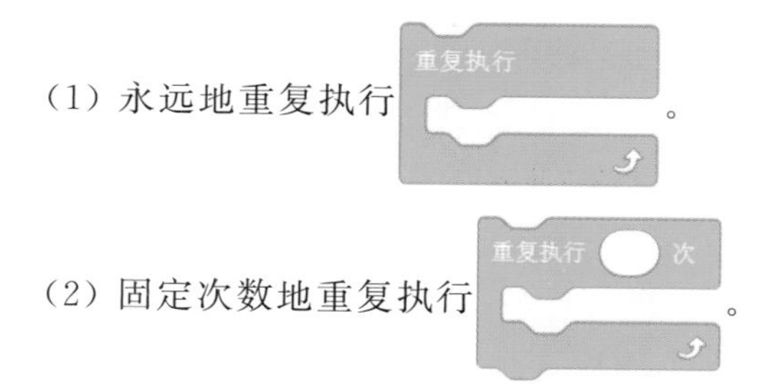

。

(2) 固定次数地重复执行。

(3) 不固定次数地重复执行，当出现某种情况(或满足某个条件)时停止重复

。

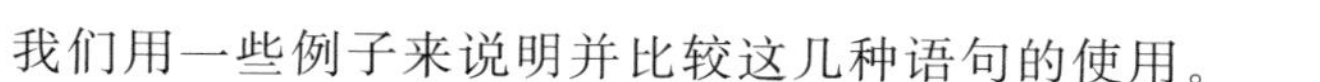

(4) 在出现某种情况(或满足某个条件)之前一直等待(相当于暂停)。

我们用一些例子来说明并比较这几种语句的使用。

【例 C-1】 用变量控制箭头的旋转方向。实现如图 C.1 所示的动画，当程序开始时，箭头顺时针旋转；单击小球，箭头逆时针旋转；再单击小球，箭头顺时针旋转；再单击小球，箭头逆时针旋转；……

假设用一个标志变量“方向”来表示箭头的旋转方向，当变量“方向”为 1 时，箭头应该顺时针旋转，当变量“方向”为 0 时，箭头应该逆时针旋转。

小球的脚本很简单，如图 C.2 所示，实现“方向”的初始化，控制变量值的变化即可。

控制箭头旋转的方法一如图 C.3 所示，外层的“重复执行”语句控制箭头不断旋转，内部根据标志变量的值来决定箭头顺时针旋转还是逆时针旋转。

控制箭头旋转的方法二如图 C.4 所示，将顺时针旋转和逆时针旋转看成两种相互转移的状态，“方向”变量值的变化作为当前状态结束要进入下一状态的条件。

图 C.1　用变量控制箭头的旋转方向

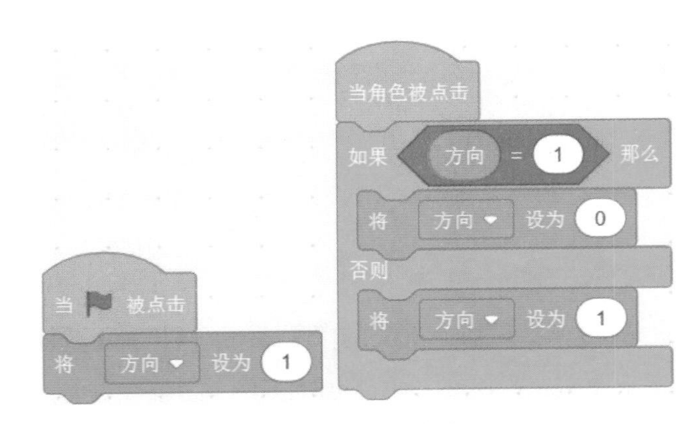

图 C.2　小球的脚本

【例 C-2】 如图 C.1 那样在舞台上放置两个箭头，当按下空格键后每个箭头以顺时针方向旋转 1 周。

方法一：使用“事件”类别中的积木，如图 C.5 所示。

方法二：使用，如图 C.6 所示。

显然，方法二只对第一次按空格键有效，方法一对每次按空格键都会有效。不过，如果采用方法一，当箭头还在旋转时（即脚本在运行中，这时桌面编辑器中的相应脚本会高亮显示），按空格键是无效的（不会加速箭头的旋转），只有当箭头停止旋转，再按空格键才

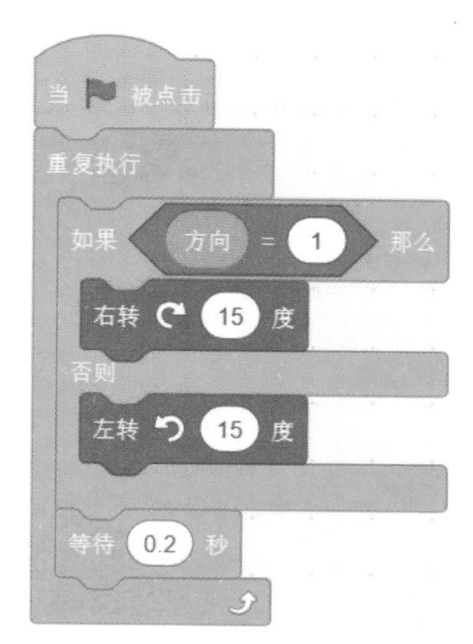

图 C.3　箭头旋转的实现方法一

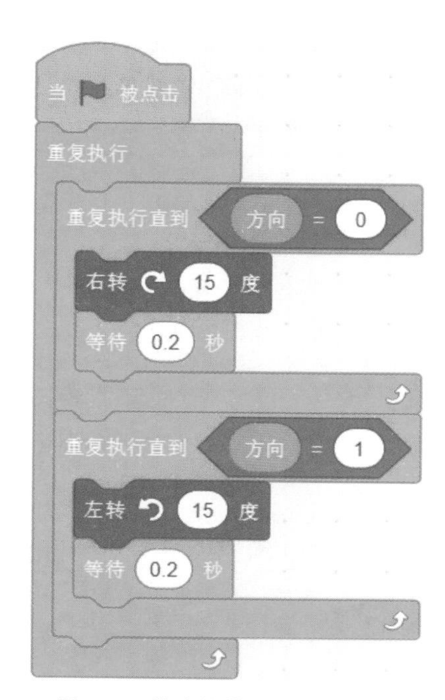

图 C.4　箭头旋转的实现方法二

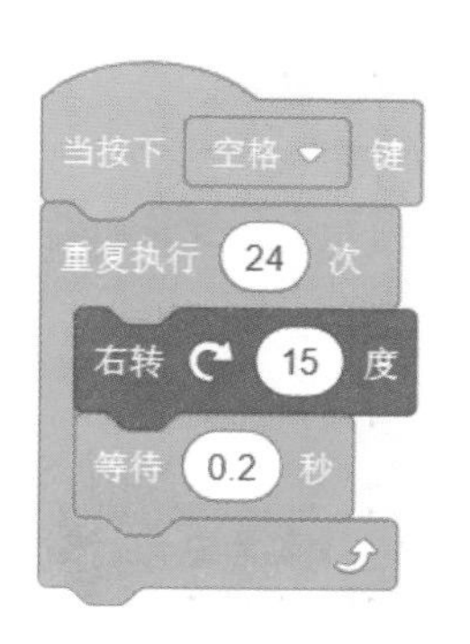

图 C.5　按空格键后旋转的方法一

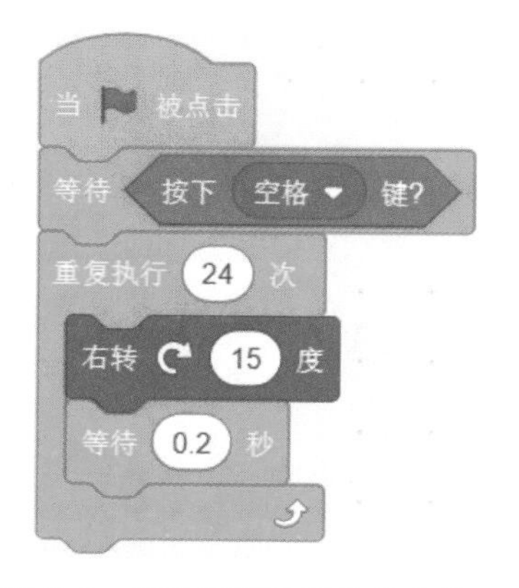

图 C.6　按空格键后旋转的方法二

能再让脚本运行起来。总之，这两种控制方法在功能上是有区别的，具体采用哪种方法来实现，需要明确程序的要求（即是否每次按空格键都让箭头旋转，还是只需要响应一次按键）。

【例 C-3】 如图 C.1 那样在舞台上放置两个箭头，用标志变量“停止”来控制箭头是否旋转。当单击🏁时，“停止”变量的值为 0，两个箭头顺时针方向旋转；当按空格键时，“停止”变量的值变为 1，两个箭头停止旋转。不允许在箭头角色的脚本中修改标志变量的值。

既然不允许在箭头角色的脚本中修改标志变量的值，那就在其他角色，或者背景的脚本中响应按空格键的事件，修改变量的值。同时，变量的初始化也可以在这个角色或背景的脚本中完成。这样的话，箭头角色的脚本只需要使用标志变量的值，而不必改动标志变量的值。

方法一如图 C.7 所示，不断重复执行，在重复语句内部判断是否需要旋转。

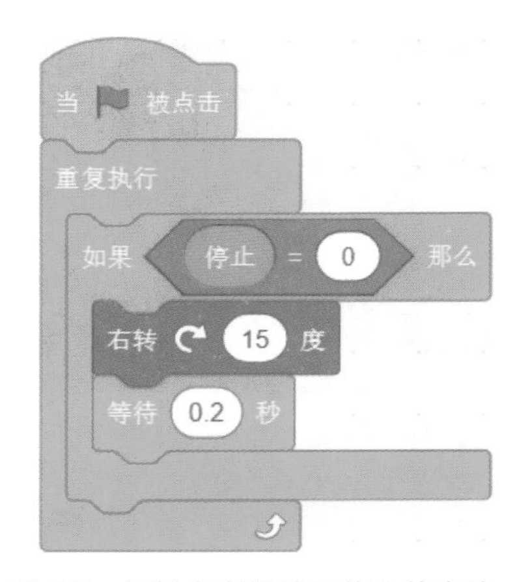

图 C.7 用标志变量控制停止的方法一

方法二如图 C.8 所示，重复执行是有条件的，当标志变量“停止”值变成 1 时，旋转的语句不再执行。

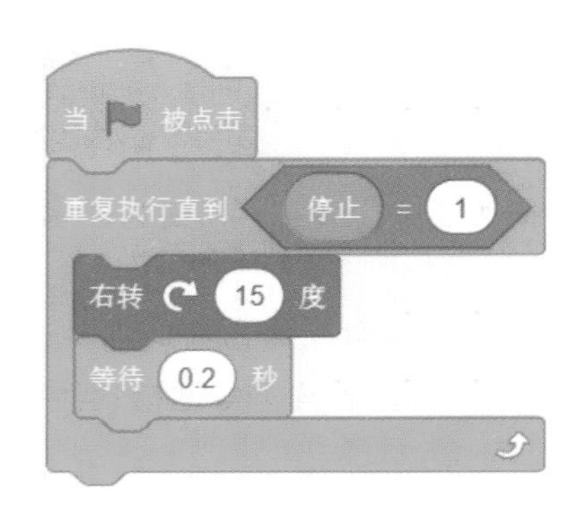

图 C.8 用标志变量控制停止的方法二

方法二看起来更简洁一些，而且一旦标志变量的值改变，方法一中的脚本仍在不断执行(虽然箭头不再转动)，而方法二会执行完所有脚本语句后结束。如果需要反复改变标志变量的值来控制箭头转或不转，那方法二就不适用；反之，则方法二更“干净”一些(方法一那样不断运行中的程序一是会消耗计算机的计算资源，二是这种实际上活跃的状态可能会因为出现其他没有考虑到的情况而表现出设计之外的行为)。

最后，请你思考并比较一下图C.9中几种重复控制的区别，它们分别对应图C.10中的哪一个流程图？

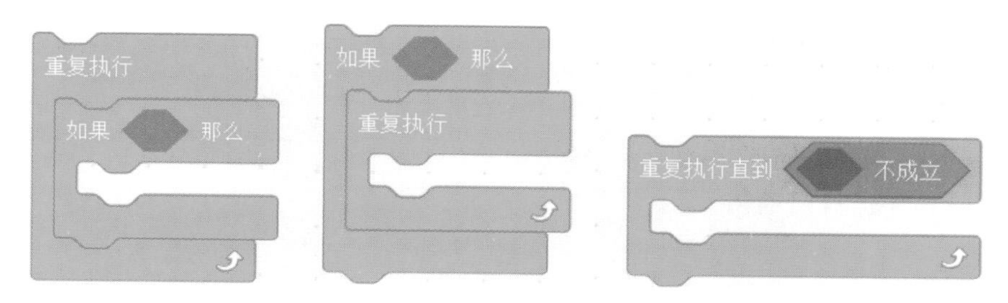

图C.9 比较几种重复的控制

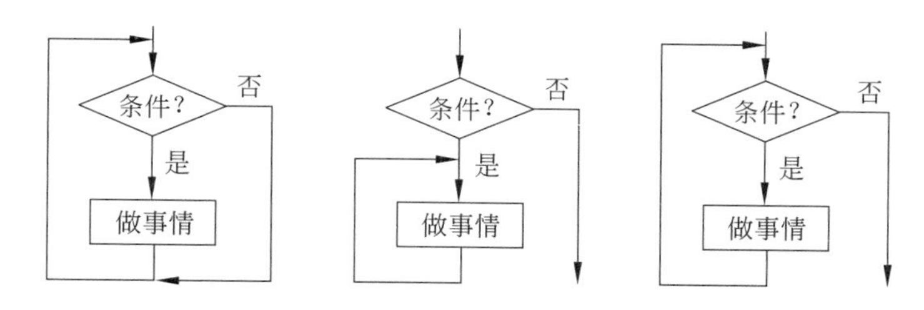

图C.10 几种重复控制的流程图

附录 D 调试

调试是程序设计活动中非常重要的一件事情。当程序运行有错误，或者运行效果不佳时，需要进行调试。调试能够帮助我们了解程序的运行情况，以便更好地理解程序代码的意义与作用效果，因此也是学习编程的一种有效手段。本附录主要讲一讲如何通过调试来排除程序运行时的错误。

D.1 明确问题

首先要明确待解决的程序错误具体是什么。初学者求助时，经常会说："我的程序有错误，请帮我看一下！"但这样的求助要求并没有给出任何对调试有帮助的信息。大多数情况下，某个特定的程序错误是由少量代码产生的，因此有经验的程序员总是试图快速定位产生错误的代码位置，而不是从第一行代码开始逐行去检查。另外，程序代码对于程序所解决的问题来说有具体的特定的含义，抛开要解决的问题，只是读抽象的代码意义，有时无法判断代码是否有错。因此，较合适的求助应该表明：想解决的问题是什么，或者想实现的效果是什么，但是目前程序运行情况与预想的哪里不一致。例如，要编程解决的问题是画一个正 n 边形，如果把程序错误表达为"我画的正 n 边形不对"就不好，而"我画的正 n 边形边数不对""我画的正 n 边形不能回到起点"则较好地描述了问题。

D.2 细查代码

明确了程序运行时的具体问题后，就要思考哪些代码与具体问题有关，从而有针对性地仔细检查与具体问题相关的代码，而不是盲目地看所有代码。如果画出的正 n 边形

"边数不对",就应该检查与边数控制有关的代码;如果"不能回到起点",就应该检查控制每边长度和旋转角度的代码。在 Scratch 中,同一个角色可以有多段脚本同时运行,因此影响运行效果的代码可能分布在不同的脚本程序段中。

初学者经常会犯的错误是没有正确地使用代码,或者说代码实际表达的意思并不是初学者心里以为的那样。例如,心里想实现的是"变量 x 加变量 y",但实际上错误地写成了"变量 x 减变量 y"。因此,在定位了问题相关的代码范围后,应该以一个"旁观者"的角度去看已有的代码,在心里面忠实地按眼前的代码去执行,而不是想当然地认为眼前的代码就是自己预想的那样。这种"换一个角度"的方法常常让我们更全面、客观地看待要解决的问题,容易暴露出之前没有意识到的因素,从而发现设计上和实现上的错误。

编写和阅读代码时,都可以给代码加上注释。在 Scratch 中,用鼠标右键单击积木语句就可以添加注释。但是复制脚本代码时,注释并不会被同时复制。另外,当前版本的 Scratch 桌面编辑器在注释的布局显示方面有些小问题,有时不能与相应积木语句同步移动。我们可以利用自制积木的功能,如图 D.1 所示,新建一条什么都不做的积木语句,该积木语句的唯一参数用于填写实际的注释内容。可以把该积木语句嵌入在脚本中,它会随着脚本一起被移动、被复制。

图 D.1　自制注释用积木

D.3　查看和设置变量值

程序的运行都是计算出来的,因此错误的结果和效果必然来自错误的计算。当我们认为代码的逻辑和表达都正确时,查看计算的中间结果有助于发现错误。我们可以让变量的值显示在舞台上,通过修改代码暂停程序(例如断开后续的积木语句,或者改变循环条件),查看特定情况下的变量值。只要我们知道这时正确的变量值应该是什么,就容易定位错误代码的位置。和也可以用来显示变量的值。

我们还可以设置变量为特定值,看后续的程序运行是否符合预期。例如,有些程序采用了随机数语句,但是在调试时,我们暂时直接设置特定的值,保证运行程序时都是特定的情形,然后和预期的程序运行效果相比较,从而帮助定位错误之处。

D.4 设置断点

许多程序设计语言的编辑环境支持断点调试功能:当以调试方式运行程序时,允许程序员设定程序运行到指定代码处暂停,这时程序员可以查看变量,然后还可以让程序继续运行。程序运行的暂停之处称为断点,通常可以设置多个断点。显然,断点调试功能使得我们不必为了查看变量值而反复断开和恢复程序。

Scratch 桌面编辑器并未直接支持断点调试功能,但我们可以通过自制积木来实现。如图 D.2 所示,名为“断点”的自制积木可以插入在 Scratch 程序的任何地方,当程序运行到断点积木时就会暂停,按下空格键后,程序会继续运行。当然,你也可以设定为按其他键后程序继续运行,或者按任意键。积木语句“等待 0.2 秒”是为了保证正常的按键只会恢复一个断点处的程序执行。

在调试循环程序的时候,常常希望程序在满足特定条件(例如循环变量等于特定值,或者角色移动到特定的区域)时才暂停,而非总是在特定代码处暂停。自制积木的参数可以是布尔值,这可以用来实现“条件断点”功能,如图 D.3 所示。断点 i = 20 只有在变量 i 的值等于 20 时,才会让程序暂停下来。

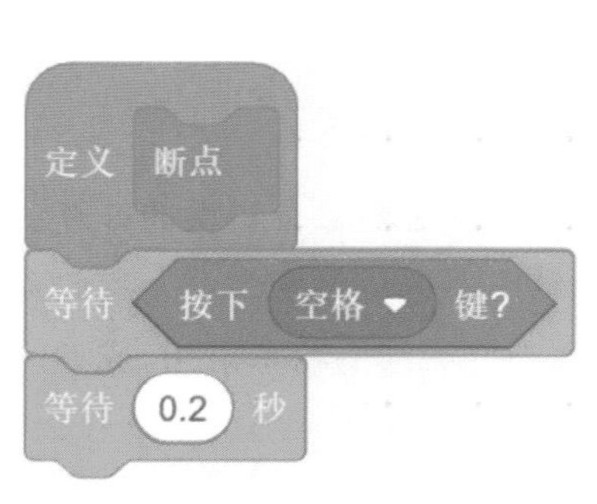

图 D.2 自制“断点”积木

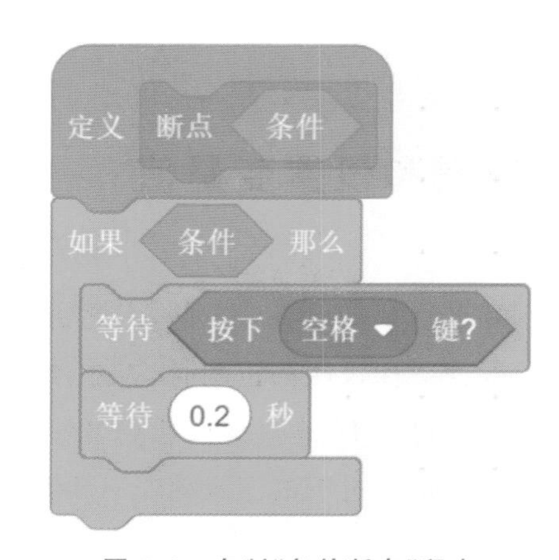

图 D.3 自制“条件断点”积木

调试完成后，如果清除所有"断点"积木比较麻烦，可以简单地将自制"断点"积木的具体脚本断开。在 Scratch 中，每个角色只能使用自身代码面板中的自制积木，因此"断点"积木需要复制给每个用到它的角色。如果引入一个"适用于所有角色"的变量作为标志变量，表示断点是否起作用，那就可以通过修改该变量的值控制所有角色脚本程序中的断点是否起作用了。

调试需要的一些经验和技巧，可以在调试程序的过程中不断积累和总结。资深的程序员能够避免一些常见和低级的错误，往往也是经历了一次次的调试，逐步成熟起来的。